FÜR SIE
STRICKEN

50 attraktive FÜR SIE-Modelle
mit einem kompletten Strickkurs

Otto Maier Verlag Ravensburg

CIP-Kurztitelaufnahme der Deutschen Bibliothek

Für Sie, Stricken:
50 attraktive Für-Sie-Modelle mit e. kompletten Strickkurs / [Bearb.: Karin Maier]. – Ravensburg: Maier, 1984.
ISBN 3-473-42474-9

NE: Maier, Karin [Bearb.]; Stricken

Bearbeitung: Karin Maier
Umschlaggestaltung: Jahreszeiten Verlag Hamburg und Graphisches Atelier Otto Maier Verlag Ravensburg
Satz: Fotosatz Ruderer, Grünkraut
Gesamtherstellung: Himmer, Augsburg
Printed in Germany

88 87 86 85 84 5 4 3 2 1

ISBN 3-473-42474-9

Inhalt

Einleitung

Das Stricken erlebte in den letzten Jahrzehnten eine wahre Renaissance. Was in den fünfziger Jahren noch etwas hausbacken erster Versuch war, ein wenig Modisches und Praktisches zu bekommen, hat sich zu einem attraktiven Hobby, zum Gestalten exklusiver Top-Mode entwickelt.

Wolle in strapazierfähiger und sportlicher Qualität in vielen Farben und Stärken, die allein schon viele Möglichkeiten bietet, wird durch fantasievolle Melanchware, Mohair-, Angora-, Lurex-, Leinen-, Baumwoll- oder gar Seidengarne ergänzt.

Wer die Kunst des Strickens beherrscht, wird stets das Besondere besitzen. Ganz individuell auf Ihren Typ können Sie Farben und feinste Nuancen abstimmen. Zum Lieblingsrock, zur Hose mit der ausgefallenen Farbe genau die Farben auswählen, die *à la haute couture* ein Complet daraus machen. Nun? Ist das nicht Grund genug, auch als Strickneuling sich einmal an dieses faszinierende Hobby heranzuwagen?

Vielleicht fällt jetzt auch Ihnen Ihr erster Strickversuch in der Schule ein, jenes ominöse Stück, an dem die linken und rechten Maschen, das Anschlagen und Abketten geübt wurden. Dieses meist bretthart Gebilde von undefinierbarer Farbe liegt weit hinter uns.

Unser mit Fotos versehener Lehrgang wird alles nötige Wissen wieder auffrischen und auf einfachste Art viele weitere Techniken erklären, die nicht nur das Nacharbeiten unserer Modelle erleichtern, sondern auch zu eigener Kreativität und zum eigenen Entwurf führen. Im „Gewußt wie" liegt der größte Wert, und die Praxis bringt schnell die Sicherheit!

Wenn Sie sich beim Durchblättern dieses Buches spontan in eines oder mehrere Modelle verliebt haben, es ist alles nach bewährter Methode erklärt. Sie werden merken, wie gut das Nacharbeiten gelingt. Die einzelnen Strickmuster sind Masche für Masche erklärt, und Schnitt- und Schemazeichnungen ergänzen die Anleitungen. Es ist zudem angenehm, die Arbeitsanleitungen unmittelbar neben dem Bild des Modelles zu finden, weil unnötiges Suchen und Hin- und Herblättern entfallen. Sie behalten Ihr Ziel sozusagen ständig vor Augen.

Wenn Sie jetzt noch die Angaben der Abkürzungserklärungen heraustrennen oder abschreiben, können Sie, falls sie Ihnen noch nicht ganz geläufig sind, auch diese von Seite zu Seite mitnehmen.

Die Anwendung spezieller Techniken für Blenden, Taschen, Knopflöcher usw. werden Ihnen die Abbildungen und ausführlichen Erklärungen im Lehrgang erleichtern. Im Inhaltsverzeichnis finden Sie schnell die gesuchte Thematik. Selbst versierte Strickfans werden sich über unsere Tips und Anweisungen freuen, wie kleine Pannen, bis hin zum nicht immer vermeidbaren Loch im kostbaren Gestrick, behoben werden können.

Dieses Buch bietet nicht nur eine Vielzahl attraktiver und modischer Modelle, es wird auch als kleines Nachschlagewerk für viele wichtige Techniken unentbehrlich werden.

Wir wünschen viel Freude an Ihren gelungenen Werken!

MASCHE FÜR MASCHE: STRICKMODE FÜR SIE

Pullunder aus Bastband

Größe: 38 bis 42.

Material: 150 g beigefb. (Nr. 03) und je 100 g weißes (Nr. 02) und schwarzes (Nr. 01) Bastband von Pingouin, Qual. „Style Raphia“ (53 % Polyprophylene, 47 % Polyester; Lauflänge ca. 113 m/50 g). INOX-Stricknadeln Nr. 8, Häkelnadel Nr. 6.

Grundmuster: Kraus re. (Hinr. re. M., Rückr. re. M.), mit Knötchenrand.

Maschenprobe: 10 M. und ca. 23 R. = 10 cm im Quadrat.

Streifenfolge: ★ 8 R. beige, 2 R. schwarz, 4 R. weiß, 2 R. schwarz, 8 R. beige, 2 R. schwarz, 6 R. weiß, 2 R. schwarz, ab ★ wiederholen.

Rückenteil: 56 M. in Beige anschl. und im Grundmuster und nach der Streifenfolge gerade hochstr. In 50 cm Höhe für den Halsausschnitt die mittleren 16 M. abk. (= 8. beigefb. Reihe), dann beidseitig davon in jeder 2. R. 1mal 2 und 3mal 1 M. abk.
Die restl. M. auf einmal abk.

Vorderteil: 56 M. in Beige anschl. und im Grundmuster und nach der Streifenfolge gerade hochstr. In 50 cm Höhe für den Halsausschnitt die mittleren 16 M. abk. (= 8. beigefb. Reihe), dann beidseitig davon in jeder 2. R. 1mal 2 und 3mal 1 M. abk.
Die restlichen Schulterm. auf einmal abk.

Ausarbeitung: Schulternähte schließen. Die Seitennähte 27 cm von der unteren Kante zunähen. Halsausschnitt und Armausschnitt in Beige mit Kettm. umhäkeln.

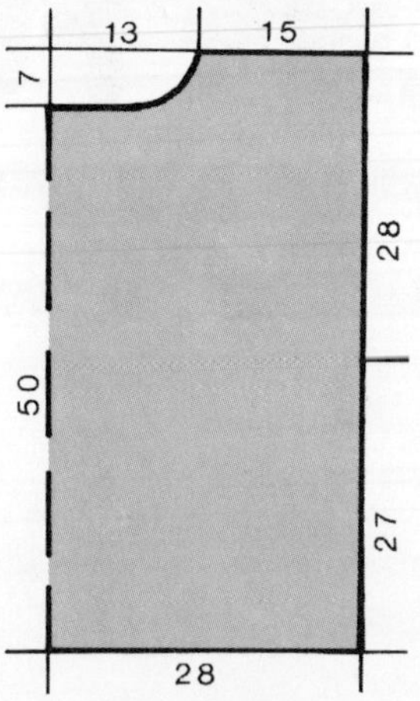

Vorder- und Rückenteil-Hälfte

Sonnenoberteil

Größe: 36.

Material: 150 g weiße (Nr. 119) und 50 g blaue (Nr. 32) Wolle (100 % reine Schurwolle) von Schaffhauser, Qual. „Blenda“. Perl-INOX-Stricknadeln Nr. 3. Kurze Rundstricknadel Nr. 3.

Grundmuster: Glatt li. (Hinr. li. M., Rückr. re. M.)

Maschenprobe: 31 M. und 42 R. = 10 cm.

Bündchenmuster: 1 M. re., 1 M. li. im Wechsel.

Rückenteil: 124 M. in Blau anschl. und 6 R. glatt re. (Hinr. re. M., Rückr. li. M.) str., dann 1 Lochr. wie folgt einstr.: ★ 2 M. re. zus. str., 1 Umschl., ab ★ wiederh. 6 R. glatt re. str., dann in Weiß weiterstr., dabei die 1. R. = Rückr. li. str., dann im Grundmuster weiterstr. Dabei beids. 6 x in 2 cm Abständen 1 M. abn. Dann gerade weiterstr. und in 31 cm Höhe, ab Blende alle M. gerade abk.

Vorderteil: Wie das Rückenteil str., jedoch in 31 cm Höhe ab Blende die Arbeit in der Mitte teilen und beids. 28 x in jeder R. 1 M. abk. Die 2. Hälfte gleich str.

Ausarbeitung: Teile nach dem Schnitt spannen, die Seitennähte schließen. Die Blende in der Lochr. zum Bruch legen und gegennähen. Aus der gesamten oberen Kante M. in Blau mit der Rundstricknadel aufn. und 6 Rd. re., dann 1 Lochr. und 6 Rd. re. anstr., dabei in der vord. Mitte 6 x in jeder Rd. die 3 mittl. M. re. zus. str., dann 6 x in jeder Rd. beids. der Mittelm. je 1 M. zun. An den zwei Spitzen 3 x in jeder 2. Rd. beids. der Mittelm. je 1 M. zun. und 3 x in jeder 2. Rd. die 3 mittl. M. zus. str. Die Lochr. zum Bruch legen und gegennähen. Für die Träger 9 M. in Blau anschl. und ca. 28 cm im Bündchenmuster str. Die Träger an der Spitze und am Rückenteil annähen.

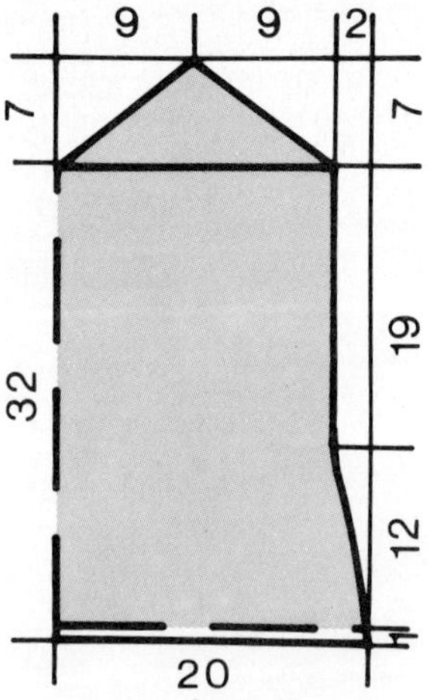

Vorder- und Rückenteil-Hälfte

Sommer, Sonne, Ferienlaune…

△ *Allen Frauen, die ausgefallene Mode lieben, wird dieser Pullunder aus Bastband gefallen. Mit dicken Nadeln einfach kraus rechts gestrickt, ist er schon nach ein paar Stunden fertig und könnte vielleicht noch als modisches Extra rechtzeitig den Weg in Ihren Ferienkoffer finden?*

▽ *Blau-Weiß ist ein herrlicher Kontrast zu sommerbrauner Haut. Dieses knappe, kesse Top könnte Ihr liebster, luftigster Begleiter durch die heiße Jahreszeit werden. Gestrickt wird glatt links.*

Pullover in Rosétönen

Größe: 36/38.

Material: 100 g fliederfb. (Nr. 12) und 50 g roséfb. (Nr. 17) Seidengarn, Qual. „Reine Seide" (100% reine Seide, Lauflänge: ca. 115 m/50 g), 100 g rosafb. (Nr. 123) und 50 g dunkelrosafb. (Nr. 124) Mohairgarn, Qual. „Felicitas" (70% Mohair, 30% Polyacryl, Lauflänge: ca. 130 m/50 g), 1 Rolle (20 g) rosafb. (Nr. 10) Beilaufgarn, Qual. „Metallic" (67% Polyester, 33% Polyamid, Lauflänge: ca. 1500 m/20 g) und je 150 g roséfb. (Nr. 603) und dunkelrosafb. (Nr. 615) Bändchengarn, Qual. „Paradies Bändchen" (100% Baumwolle, Lauflänge: ca. 80 m/50 g), von Austermann. INOX-Stricknadeln Nr. 4½ und 5. Kurze Rundstricknadel Nr. 4½.

Grundmuster: Durch das gesamte Muster und bei allen Garntypen läuft der Metallicfaden mit.
M.-Zahl teilbar durch 2.
1. R. (Bändchen/Rosé): Randm., 1 Umschlag, ★ 1 M. re., 1 Umschlag, ab ★ wiederholen, Randm.
2. R. (Bändchen/Rosé): re. M. str. und die Umschläge der Vorr. fallen lassen.
3. R. (Mohair/Rosa): re. M. str.
4. R. (Mohair/Rosa): li. M. str.
5. und 6. R. (Seide/Flieder): re. M. str.
7. und 8. R.: Wie 3. und 4. R. str.
9. und 10. R.: Wie 5. und 6. R. str.
11. und 12. R.: Wie 3. und 4. R. str.
13. und 14. R.: Wie 1. und 2. R. str.
15. und 16. R.: Wie 1. und 2. R. str., jedoch in Dunkelrosa.
17. und 18. R.: Wie 3. und 4. R. str., jedoch in Dunkelrosa.
19. und 20. R.: Wie 5. und 6. R. str., jedoch in Rosé.
21. und 22. R.: Wie 17. und 18. R. str.
23. und 24. R.: Wie 19. und 20. R. str.
25. und 26. R.: Wie 17. und 18. R. str.
27. und 28. R.: Wie 15. und 16. R. str.
Die 1. bis 28. R. laufend wiederholen.

Maschenprobe: 16 M. und 30 R. = 10 cm im Quadrat.

Rückenteil: 74 M. in Seide/Flieder mit Nadeln Nr. 4½ anschl. und 8 cm im Bündchenmuster str. Weiter im Grundmuster mit Nadeln Nr. 5 arbeiten.
In 62 cm Höhe für den Halsausschnitt die mittl. 16 M. gerade, beids. davon in jeder 2. R. 1mal 3 und 1mal 2 M. abk. Zugleich für die Schulterschrägung in jeder 2. R. 3mal 8 M. abk.

Vorderteil: Bis auf den Halsausschnitt wie das Rückenteil str. In 57 cm Höhe für den Halsausschnitt die mittl. 10 M. gerade, beids. davon in jeder 2. R. 2mal 2 und 4mal 1 M. abk.
Die Schulterschrägung in 62 cm Höhe wie beim Rückenteil str.

Ärmel: 44 M. mit Nadeln Nr. 4½ in Seide/Flieder anschl. und 8 cm im Bündchenmuster str.
Weiter im Grundmuster mit Nadeln Nr. 5 arbeiten. Dabei für die Ärmelschrägung beids. 12mal 1 M. in jeder 10. R. zun. = 68 M.
In 50 cm Höhe alle M. gerade abk. Den 2. Ärmel ebenso str.

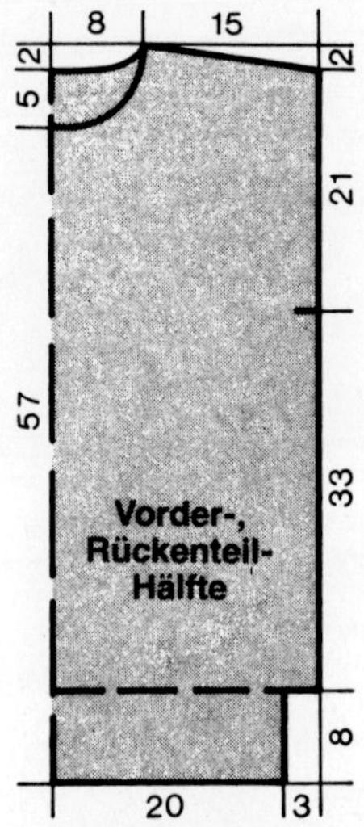

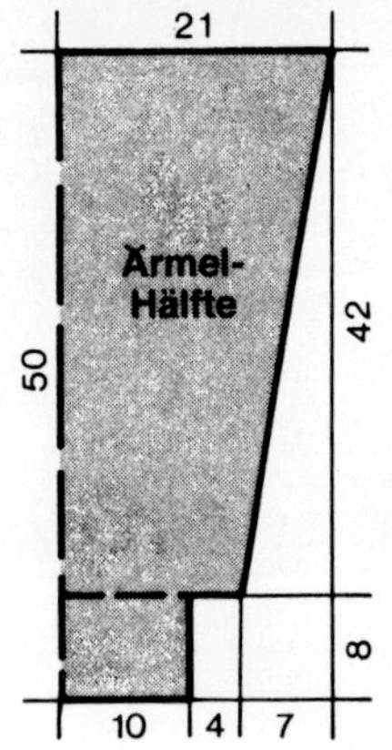

Ausarbeitung: Die Teile nach dem Schnitt spannen und unter feuchten Tüchern trocknen lassen. Alle Nähte schließen und die Ärmel einnähen.
Aus dem Halsausschnitt in Seide/Flieder mit der Rundstricknadel 72 M. aufn. und 2 cm im Bündchenmuster anstr.

Ton in Ton…

Seide, Baumwolle und Mohair in den schönsten Rosétönen und hauchfeines „Metallic“-Beilaufgarn sind hier raffiniert miteinander kombiniert. Wenn Sie Pastelltöne lieben, gönnen Sie sich diesen schmeichelnden, kuschelweichen Traum in Rosé.

Gestreifter Pullover

Größe: 36/38 und 42/44.
Die Angaben für Größe 42/44 stehen in Klammern, sofern sie von Größe 36/38 abweichen.

Material: Je 100 (150) g roséfb. (Nr. 603) und türkisfb. (Nr. 605) Bändchengarn, Qual. „Paradies Bändchen" (100% Baumwolle, Lauflänge: ca. 80 m / 50 g), 150 (200) g fliederfb. (Nr. 12) Seidengarn, Qual. „Reine Seide" (100% reine Seide, Lauflänge: ca. 115 m/50 g), und je 150 (200) g roséfb. (Nr. 123) und türkisfb. (Nr. 138) Mohairgarn, Qual. „Felicitas" (70% Mohair, 30% Polyacryl, Lauflänge: ca. 130 m/50 g), von Austermann. INOX-Stricknadeln Nr. 3½ und 4½. Kurze Rundstricknadel Nr. 3½.

Grundmuster: M.-Zahl teilbar durch 2.
1. bis 4. R. (Mohair/Türkis): kraus re. (Hinr. re. M., Rückr. re. M.) str.
5. R. (Bändchen/Türkis): Randm., 1 Umschlag, ★ 1 M. re., 1 Umschlag, ab ★ wiederholen, Randm.
6. R. (Bändchen/Türkis): re. M. str., dabei die Umschläge der Vorr. fallen lassen.
7. bis 10 R.: Wie 1. bis 4. str.
11. bis 14. R. (Seide): glatt re. (Hinr. re. M., Rückr. li. M.) str.
15. bis 18. R. (Mohair/Rosé): kraus re. str.
19. und 20. R.: Wie 5. und 6. R. str., jedoch in Bändchen/Rosé.
21. bis 24. R.: Wie 15. bis 18. R. str.
25. bis 28. R.: Wie 11. bis 14. R. str.
Die 1. bis 28. R. laufend wiederholen.

Maschenprobe: 19 M. und 26 R. = 10 cm im Quadrat.

Bündchenmuster: 1 M. re., 1 M. li. im Wechsel.

Anleitung: Der Pullover wird in einem Stück gestr. und unten am Vorderteil begonnen.
78 (86) M. mit Nadeln Nr. 3½ in Seide anschl. und 10 cm im Bündchenmuster str. Anschließend 2 R. glatt re. str., dabei in der 1. R. gleichmäßig verteilt 6 M. zun. = 84 (92) M.
Weiter im Grundmuster mit Nadeln Nr. 4½ arbeiten.
In 17 cm Höhe für die Rundung und die Ärmel beids. in jeder 2. R. 20mal 1, 8mal 2, 2mal 3 (6mal 3), 5mal 4 (1mal 4) und 1mal 8 M. zun. = 224 M. Weiter gerade hochstr.
In 54 cm Höhe für den Halsausschnitt die mittl. 12 M. gerade abk. und jede Seite für sich weiterstr. Dabei an der Halsausschnittkante in jeder 2. R. 2mal 3, 1mal 2 und 3mal 1 M. abk.
In 61 cm Höhe ist die Schulterlinie erreicht. Nun das Rückenteil gegengleich zum Vorderteil str. Dabei werden die Abnahmen zu Zunahmen und umgekehrt.

Ausarbeitung: Den Pullover spannen und unter feuchten Tüchern trocknen lassen.
Aus den unteren Ärmelkanten jeweils ca. 46 M. mit Nadel Nr. 3½ in Seide aufn. und 10 cm im Bündchenmuster anstr.

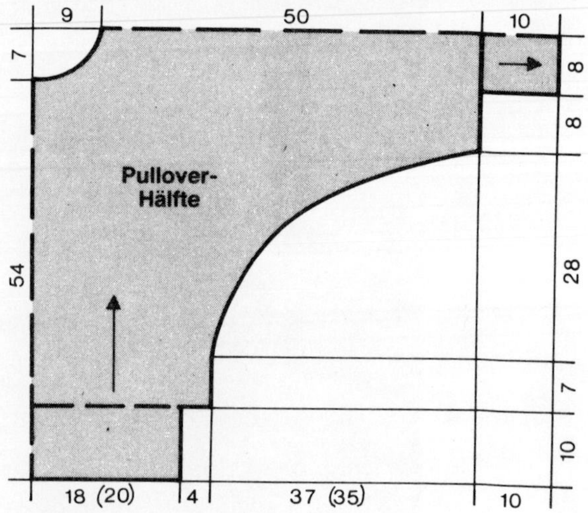

Aus dem Halsausschnitt mit der Rundstricknadel ca. 118 M. in Seide aufn. und 6 cm im Bündchenmuster anstr. Das Bündchen zur Hälfte nach außen umschlagen und annähen.
Seiten- und Ärmelnähte schließen.

Buntgestreifter Pullover

Größe: 36/38.

Material: 100 g blaues (Nr. 30) und 50 g fliederfb. (Nr. 12) Seidengarn, Qual. „Reine Seide" (100% reine Seide, Lauflänge: ca. 115 m / 50 g), 100 g hellblaues (Nr. 11) und je 50 g hellgrünes (Nr. 6) und gelbes (Nr. 17) Glanzgarn, Qual. „Seidenglanz" (50% Baumwolle, 50% Viskose, Lauflänge: ca. 130 m/50 g), je 50 g rosafb. (Nr. 123), türkisfb. (Nr. 138) und gelbes (Nr. 129) Mohairgarn, Qual. „Felicitas" (70% Mohair, 30% Polyacryl, Lauflänge: ca. 130 m/50 g), und je 100 g türkisfb. (Nr. 605) und rosafb. (Nr. 615) und je 50 g gelbes (Nr. 602) und grünes (Nr. 606) Bändchengarn, Qual. „Paradies Bändchen" (100% Baumwolle, Lauflänge: ca. 80 m/50 g), von Austermann. INOX-Stricknadeln und kurze Rundstricknadel Nr. 4.

Grundmuster: 1. bis 6. R. (Seide/Blau): glatt re. (Hinr. re. M., Rückr. li. M.) str.
7. bis 10. R. (Seidenglanz/Hellblau): kraus re. (Hinr. re. M., Rückr. re. M.) str.
11. bis 14. R. (Mohair/Türkis): glatt re. str.
15. bis 18. R. (Bändchen/Türkis): kraus re. str.
19. bis 24. R. (Seidenglanz/Grün): glatt re. str.
25. und 26. R. (Bändchen/Grün): kraus re. str.
27. bis 30. R. (Seide/Flieder): glatt re. str.
31. bis 36. R. (Mohair/Rosa): kraus re. str.
37. bis 40. R. (Bändchen/Rosa): glatt re. str.
41. bis 44. R. (Seidenglanz/Gelb): kraus re. str.
45. bis 50. R. (Mohair/Gelb): glatt re. str.
51. und 52. R. (Bändchen/Gelb): kraus re. str.
Die 1. bis 52. R. laufend wiederholen.

Maschenprobe: 21 M. = 10 cm breit und 52 R. (= 1 Musterrapport) = 13 cm hoch.

Bündchenmuster: 1 M. re., 1 M. li. im Wechsel.

Rückenteil: 84 M. mit blauer Seide anschl. und 7 cm im Bündchenmuster str.
Weiter im Grundmuster arbeiten, dabei in der 1. R. gleichmäßig verteilt 12 M. zun. = 96 M.
In 42 cm Höhe für die Armausschnitte beids. in jeder 2. R. 1mal 3, 1mal 2 und 3mal 1 M. abk. = 80 M.
In 60 cm Höhe für den Halsausschnitt die mittl. 26 M. gerade, beids. davon in jeder 2. R. noch 2mal 3 M. abk.
In 62 cm Höhe die verbleibenden M. gerade abk.

Vorderteil: Bis auf den Halsausschnitt wie das Rückenteil str.
In 54 cm Höhe für den Halsausschnitt die mittl. 20 M. gerade, beids. davon in jeder 2. R. noch 1mal 3, 2mal 2 und 2mal 1 M. abk.
In 62 cm Höhe die verbleibenden M. gerade abk.

Ärmel: 44 M. mit blauer Seide anschl. und 7 cm im Bündchenmuster str.
Weiter im Grundmuster arbeiten, dabei in der 1. R. gleichmäßig verteilt 19 M. zun. = 63 M. Dann für die Ärmelschrägung beids. alle 4 cm 8mal 1 M. zun. = 79 M. In 42 cm Höhe für die Armkugel beids. in jeder 2. R. 1mal 3, 2mal 2 und 27mal 1 M. abk. Die verbleibenden M. gerade abk.
Den 2. Ärmel ebenso str.

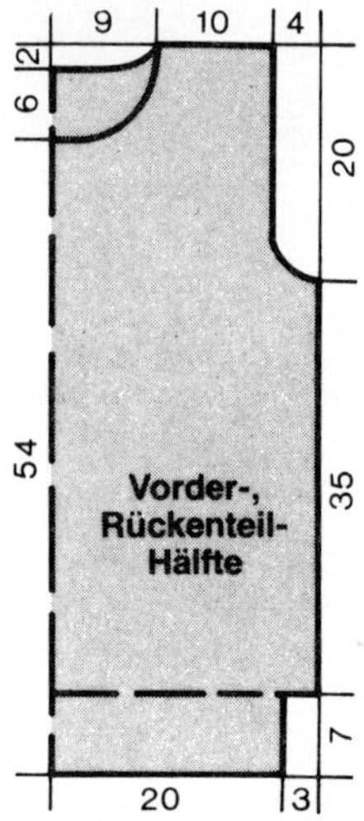

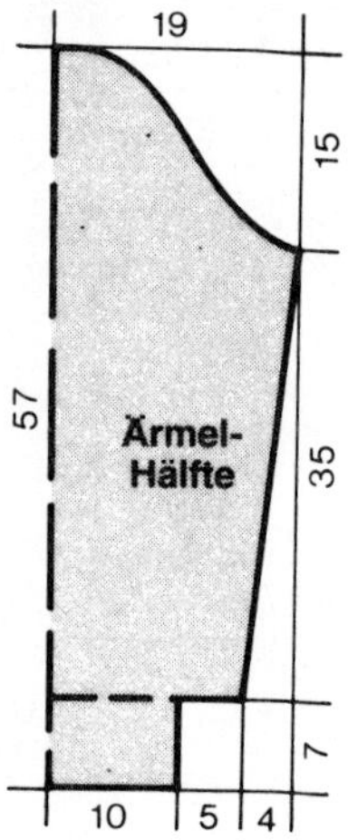

Ausarbeitung: Die Teile nach dem Schnitt spannen und unter feuchten Tüchern trocknen lassen. Alle Nähte schließen und die Ärmel einnähen.
Aus dem Halsausschnitt mit der Rundstricknadel ca. 82 M. in blauer Seide aufn. und 3 cm im Bündchenmuster anstr.

▽ Wer's etwas farbiger und dennoch dezent lieber mag, wird diesem Pulli den Vorzug geben. Die Vielfalt der Garne wie Seide, Baumwolle, Mohair etc. setzt noch Extra-Effekte. Nadeln Sie sich von Streifen zu Streifen dem lohnenden Ziel entgegen.

△ Superweite Fledermausärmel machen diesen verführerischen Pullover ungemein bequem. Locker und lässig ist er die ideale Ergänzung zu Hose und Rock. Die tolle „Technik" haben Sie sicher schon erkannt: Das Modell ist durchgehend an einem Stück gestrickt.

Streifenpulli

Größe: 40.

Material: 150 g naturfb. (Nr. 7801) und je 50 g blaues (Nr. 7813), braunes (Nr. 7805), roséfb. (Nr. 7803), beigefb. (Nr. 7802), türkisfb. (Nr. 7823), orangefb. (Nr. 7807) und gelbes (Nr. 7804) Baumwollgarn von Schachenmayr, Qual. „Reseda". Perl-INOX-Stricknadeln Nr. 3 und 3½. Kurze Rundstricknadel Nr. 3.

Grundmuster: 1. bis 12. R.: glatt re. (Hinr. re. M., Rückr. li. M.). **13. R.:** re. str. **14. R.:** re. str. 1. bis 14. R. fortl. wiederh.

Maschenprobe: 21 M. und 35 R. = 10 cm.

Bündchenmuster: 1 M. re., 1 M. li. im Wechsel.

Farbfolge: ★ 12 R. Blau, 2 R. Natur, 12 R. Braun, 2 R. Natur, 12 R. Rosé, 2 R. Natur, 12 R. Beige, 2 R. Natur, 12 R. Türkis, 2 R. Natur, 12 R. Orange, 2 R. Natur, 12 R. Gelb, 2 R. Natur, ab ★ wiederh.

Rückenteil: 110 M. in Natur mit Nadeln Nr. 3 anschl. und 6 cm im Bündchenmuster str. Dann mit Nadeln Nr. 3½ im Grundmuster nach der Farbfolge weiterstr. In 25 cm Höhe für die Ärmelschrägung beids. in jeder 4. R. 4 x 1, in jeder 2. R. 8 x 1, 12 x 2 und 1 x 4 M. zun. (= 190 M.). Gerade weiterstr. und in 50 cm Höhe für den Halsausschnitt die mittl. 28 M. gerade und beids. in jeder 2. R. 2 x 4, 3 x 2 und 2 x 1 M. abk. Die restl. M. in 55 cm Höhe gerade abk.

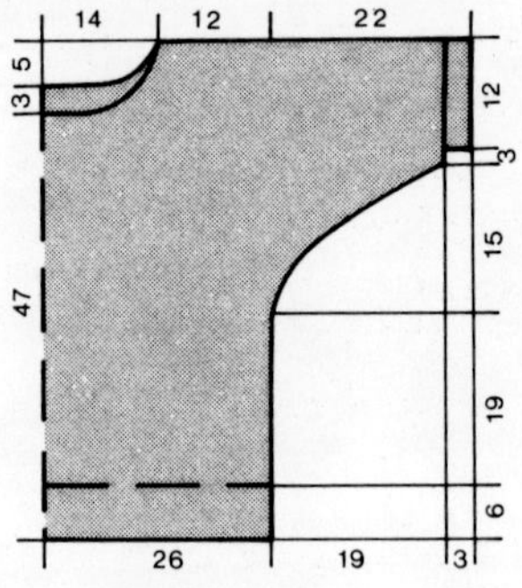

Pulli-Hälfte

Vorderteil: Wie das Rückenteil str., jedoch in 47 cm Höhe für den Halsausschnitt die mittl. 20 M. gerade und beids. in jeder 2. R. 2 x 4, 1 x 2 und 10 x 1 M. abk. Die restl. M. in 55 cm Höhe gerade abk.

Ausarbeitung: Teile nach dem Schnitt spannen. Die Schulternaht schließen. Aus den Ärmelkanten M. in Natur mit Nadeln Nr. 3 aufn. und 3 cm im Bündchenmuster anstr. Seitennähte schließen. Aus dem Halsausschnitt M. in Natur mit der Rundstricknadel aufn. und 3 cm im Bündchenmuster anstr.

Pulli mit V-Streifen

Größe: 36/38.

Material: 350 g beigefb. (Nr. 7802) und je 50 g hellblaues (Nr. 7813), braunes (Nr. 7805) und gelbes (Nr. 7804) Baumwollgarn von Schachenmayr, Qual. „Reseda". Perl-INOX-Stricknadeln Nr. 2½ und 3.

Grundmuster: Glatt re. (Hinr. re. M., Rückr. li. M.).

Maschenprobe: 25 M. und 35 R. = 10 cm.

Bündchenmuster: 1 M. re., 1 M. li. im Wechsel.

Rückenteil: 120 M. in Beige mit Nadeln Nr. 2½ anschl. und 6 cm im Bündchenmuster str., dann im Grundmuster mit Nadeln Nr. 3 weiterstr. Dabei in 52 cm Höhe die mittl. 50 M. stillegen und beids. 8 x in jeder 2. R. 1 M. abk. Die restl. 27 M. in 57 cm Höhe gerade abk.

Vorderteil: 121 M. anschl. und wie das Rückenteil str., jedoch in 20 cm Höhe die mittl. M. in Blau str. und beids. in jeder 2. R. 1 M. mehr in Blau str., bis 21 M. in Blau gestr. sind, dann die mittl. M. in Braun str. und beids. in jeder 2. R. 1 M. mehr in Braun str., bis 21 M. in Braun gestr. sind, dann die mittl. M. in Gelb str. und beids. in jeder 2. R. 1 M. mehr in Gelb str. und nach 21 M. in der Mitte die M. in Beige str. und fortl. alle Streifen in jeder 2. R. um 1 M. nach außen versetzen. In 52 cm Höhe die mittl. 51 M. stillegen und beids. in jeder 2. R. 8 x 1 M. abk. Die restl. M. in 57 cm Höhe gerade abk.

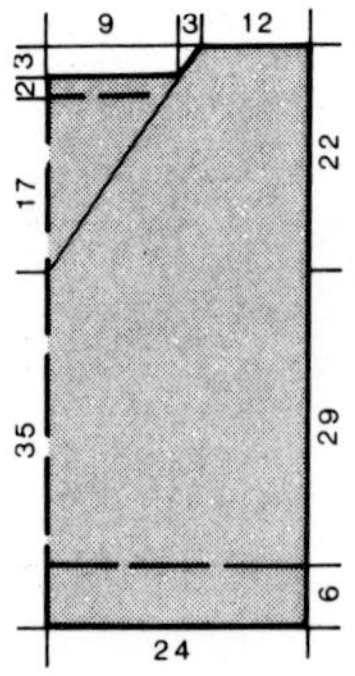

Vorder- und Rückenteil-Hälfte

Ärmel: 76 M. in Beige mit Nadeln Nr. 2½ anschl. und 2 cm im Bündchenmuster str. Dann mit Nadeln Nr. 3 im Grundmuster weiterstr. und in der 1. R. 16 M. gleichmäßig verteilt zun. (= 92 M.) Beids. für die Ärmelschrägung 10 mal in jeder 5. R. 1 M. zun. (= 112 M.). In 18 cm Höhe alle M. gerade abk. Den 2. Ärmel gleich str.

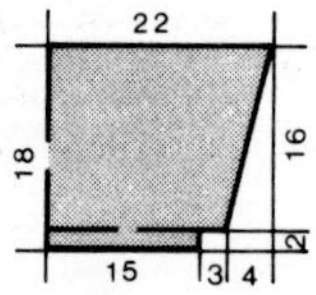

Ärmel-Hälfte

Ausarbeitung: Teile nach dem Schnitt spannen und von li. dämpfen. Die stillgelegten Ausschnittm. in Beige aufn. und jeweils 2 cm im Bündchenmuster anstr. Alle Nähte schließen.

Warme Sommerfarben

Zwei, die sich sehen lassen können. Acht schöne, warme Sommerfarben reihen sich in gleichbreiten Streifen aneinander. Gestrickt wird glatt rechts.
Die wie ein Einsatz wirkenden V-Streifen unseres zweiten Modells sind übrigens gleich mit eingestrickt. Wer's noch nicht probiert hat, findet diese Technik in unserem Lehrgang.

Bändchenpulli mit Zopfpasse

Größe: 38 bis 42.

Material: 550 g roséfb. (Nr. 09) Baumwollband von Pingouin, Qual. „Biais de Coton“ (100 % Baumwolle, Lauflänge ca. 50 m/50 g). INOX-Stricknadeln Nr. 8, Häkelnadel Nr. 8.

Grundmuster: Glatt re. (Hinr. re. M., Rückr. li. M.).

Maschenprobe: 9 M. und 16 R. = 10 cm im Quadrat.

Passenmuster: Maschenzahl durch 10 teilbar plus 6 M. plus 2 Randm.
1. R.: Randm., ★ 2 M. li., 2 M. re., 2 M. li., 4 M. re., ab ★ wiederh., enden mit 2 M. li., 2 M. re., 2 M. li., Randm.
2. und alle folgenden Rückr.: Die M. str., wie sie erscheinen.
3. und 5. R.: Randm., ★ 2 M. li., 2 M. verkreuzen (= 1 M. auf 1 Hilfsnadel vor die Arbeit legen, 1 M. re. str., dann die M. der Hilfsnadel re. str.), 2 M. li., 2 M. nach links kreuzen (= 2 M. auf 1 Hilfsnadel vor die Arbeit legen, 2 M. re. str., dann die M. der Hilfsnadel re. str.), ab ★ wiederholen, enden mit 2 M. li., 2 M. verkreuzen, 2 M. li., Randm.
7. R.: Randm., ★ 2 M. li., 2 M. verkreuzen, 2 M. li., 4 M. re., ab ★ wiederholen, enden mit 2 M. li., 2 M. verkreuzen, 2 M. li., Randm.
Die 3. bis 8. R. fortlaufend wiederholen.

Rückenteil: 48 M. mit Nadel Nr. 8 anschl. und 18 cm im Grundmuster gerade hoch str.
Danach mit dem Passenmuster beginnen, dabei in der 1. R. gleichmäßig verteilt 10 M. zun. = 58 M.
In 56 cm Höhe alle M. gerade abk.

Vorderteil: Bis auf den Halsausschnitt wie das Rückenteil str. Für den Halsausschnitt in 47 cm Höhe die mittleren 8 M., beidseitig davon in jeder 2. R. 2mal 2 und 3mal 1 M. abk.
In 56 cm Höhe die verbleibenden Schulterm. gerade abk.

Ärmel: 40 M. mit Nadel Nr. 8 anschl. und 6 cm im Grundmuster gerade hochstr. Danach für die Ärmelschrägung beidseitig in jeder 2. R. 15mal 1 M. zun. = 70 M.
In 27 cm Höhe alle M. gerade abk. Den 2. Ärmel ebenso str.

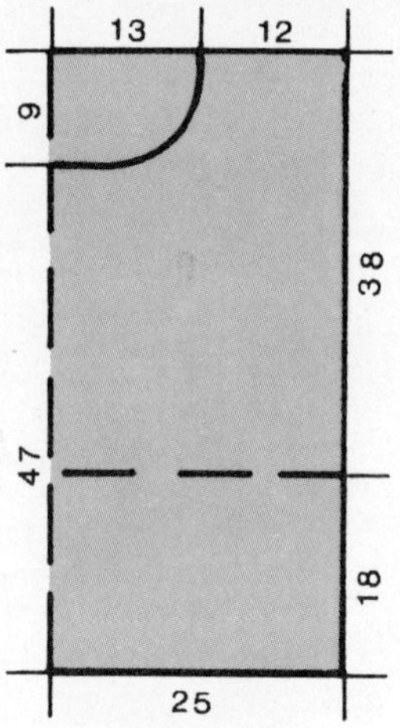

Vorder- und Rückenteil-Hälfte

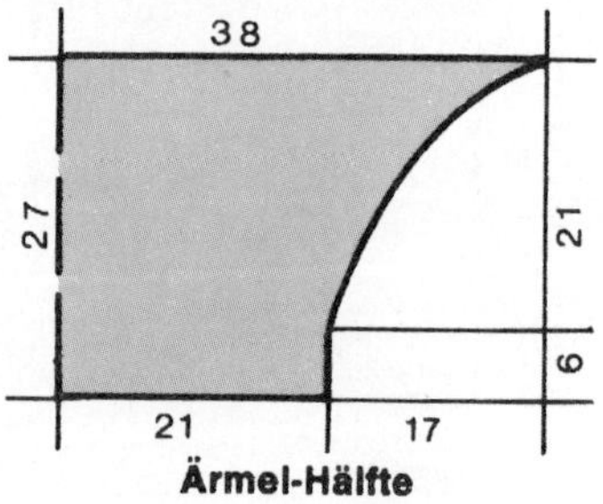

Ärmel-Hälfte

Ausarbeitung: Die Teile nach dem Schnitt spannen und unter feuchten Tüchern trocknen lassen. Alle Nähte schließen und die Ärmel einsetzen.
Den Halsausschnitt mit 1 R. Krebsmaschen (= fe. M. von re. nach li.) umhäkeln.

Chices aus Bändchen

Die neue Idee für Selbstgestricktes: Bänder vom laufenden Meter sind auf dicken Nadeln ganz schnell verarbeitet. Dieser sportliche Pulli ist aus Schrägband mit ausgefransten Kanten gestrickt. Große und kleine Zöpfe schmücken die lange Passe. Als Kontrast: Ärmel in glatt rechten Maschen.

Beigefarbener Pullover

Größe: 38/40.

Material: 150 g naturfb. (Nr. 2150), 200 g kittfb. (Nr. 2152) und 200 g gelbes (Nr. 2153) Garn (60% Seide, 40% Schurwolle, Lauflänge: 140 m/50 g) von Schachenmayr, Qual. „Saskia". Perl-INOX-Stricknadeln Nr. 3½ und 4½. Rundstricknadeln Nr. 3½, 60 cm lang.

Grundmuster I: Perlmuster: 1 M. re., 1 M. li., nach jeder R. im Versatz str.

Grundmuster II: 2 M. re., 2 M. li., nach je 2 R. im Versatz str.

Grundmuster III: 4 M. re., 4 M. li., nach je 4 R. im Versatz str.

Maschenprobe: 19 M. und 26 R. = 10 cm im Quadrat.

Bündchenmuster: 1 M. re., 1 M. li. im Wechsel.

Rückenteil: 92 M. in Kitt mit Nadeln Nr. 3½ anschl. und 8 cm im Bündchenmuster str. Dann mit Nadeln Nr. 4½ in Kitt im Grundmuster II weiterstr. Dabei nach 2 R. die letzte M. in Natur str. und abwechselnd in jeder und jeder 2. R. 1 M. mehr in Natur im Grundmuster I str. Die Fäden beim Farbwechsel verkreuzen.
In 56 cm Höhe für den Halsausschnitt die mittl. 28 M. gerade und beids. in jeder 2. R. 1mal 5, 1mal 4, 2mal 3, 2mal 2 und 2mal 1 M. abk.
Die restl. M. gerade abk.

Vorderteil: Gegengl. zum Rückenteil str.

Ärmel: 36 M. in Gelb mit Nadeln Nr. 3½ anschl. und 8 cm im Bündchenmuster str. Dann mit Nadeln Nr. 4½ im Grundmuster III weiterstr., dabei in der 1. R. die M.-Zahl verdoppeln (= aus jeder M. 2 M. herausstr.) = 72 M. Für die Ärmelschrägung beids. 22mal in jeder 4. R. 1 M. zun. = 116 M. In 42 cm Höhe alle M. gerade abk.
Den 2. Ärmel gleich str.

Ausarbeitung: Teile spannen und unter feuchten Tüchern trocknen lassen. Die Nähte schließen. Aus dem Halsausschnitt M. in Natur mit der Rundstricknadel Nr. 3½ aufn. und 3 cm im Bündchenmuster anstr.
Für das 2. Bündchen aus der Halsausschnittkante noch einmal M. in Natur aufn. und 4,5 cm im Bündchenmuster anstr. Nun die Bündchen jeweils zur Hälfte nach innen kippen und gegennähen.

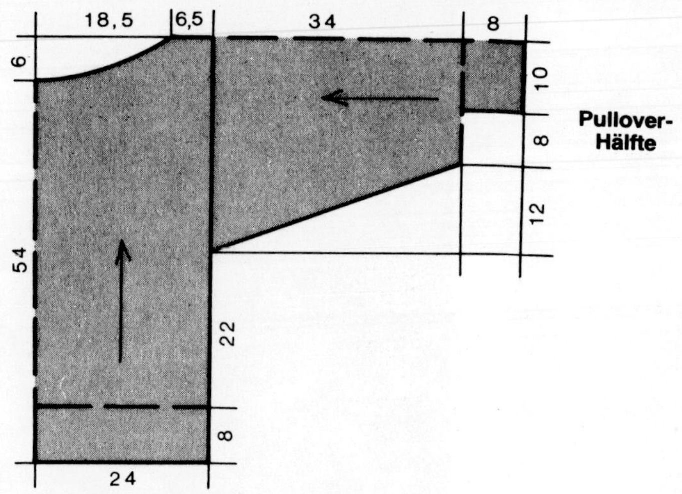

Gestreifter Pullover

Größe: 36/38 und 40/42.

Die Angaben für Größe 40/42 stehen in Klammern, sofern sie von Größe 36/38 abweichen.

Material: 150 g gelbes (Nr. 2153) und je 100 g naturfb. (Nr. 2150) und kittfb. (Nr. 2152) Garn (60% Seide, 40% Schurwolle, Lauflänge: 140 m/50 g) von Schachenmayr, Qual. „Saskia". Perl-INOX-Stricknadeln Nr. 3½ und 4½. Rundstricknadel Nr. 3½, 60 cm lang.

Grundmuster: Glatt re. (Hinr. re. M., Rückr. li. M.).

Bündchenmuster: 1 M. re., 1 M. li. im Wechsel.

Maschenprobe: 20 M. und 26 R. = 10 cm im Quadrat.

Farbfolge: Je 10 R. in Kitt, Natur, Gelb, je 8 R. in Kitt, Natur, Gelb, je 6 R. in Kitt, Natur, Gelb, je 4 R. in Kitt, Natur, Gelb, ★ je 2 R. in Kitt, Natur, Gelb, ab ★ wiederh.

Rückenteil: 92 (100) M. in Gelb mit Nadeln Nr. 3½ anschl. und 8 cm im Bündchenmuster str. Dann mit Nadeln Nr. 4½ im Grundmuster nach der Farbfolge weiterstr. Dabei beids. 15mal in jeder 3. R. und 7mal in jeder 4. R. 1 M. zun. = 136 (144) M. Gerade weiterstr. und in 45 cm Höhe für den Halsausschnitt die mittl. 18 M. gerade und beids. in jeder 2. R. 1mal 8, 1mal 3, 4mal 2 und 6mal 1 M. abk. Die restl. M. gerade abk.

Vorderteil: Wie das Rückenteil str.

Ausarbeitung: Teile nach dem Schnitt spannen und unter feuchten Tüchern trocknen lassen. Schulternähte schließen. Aus dem Halsausschnitt M. in Gelb mit der Rundstricknadel aufn. und 3 cm im Bündchenmuster anstr. Aus den Ärmelkanten M. in Gelb aufn. und mit Nadeln Nr. 3½ im Bündchenmuster 4 cm anstr. Seitennähte schließen.

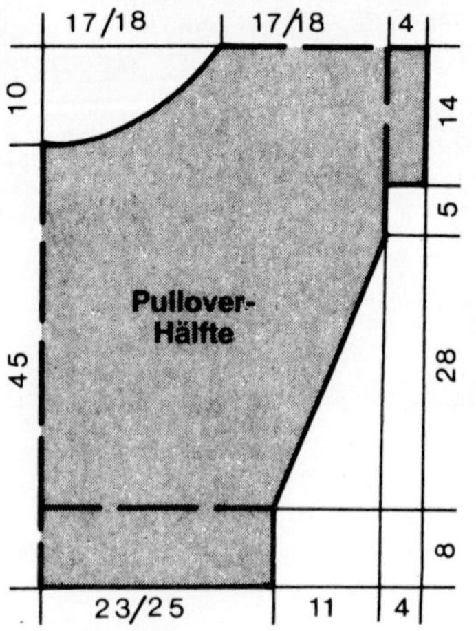

Partner-Look in punkto Farbe

Der Seidenpulli links im Bild hat doppelte Bündchen! Sie werden beide an den großen Ausschnitt separat angestrickt, zur Hälfte nach innen gekippt und gegengenäht. Die Ärmel sind 3/4 lang.
Beim Streifenpulli wird der kurze Ärmel gleich angestrickt. Die Streifen, die unten noch breit sind, werden nach oben hin immer schmaler. Der große, weite Ausschnitt ist hinten und vorne gleich, er darf ruhig leger über die Schultern rutschen!

Diagonal-gestrickter Pullover

Größe: 38/40.

Material: 400 g blaues (Nr. 18), 250 g türkisfb. (Nr. 16) und je 100 g rosafb. (Nr. 11) und hellblaues (Nr. 15) Garn von Hübner, Qual. „Pritty" (60% Baumwolle, 34% Polyacryl, 6% Polyamid, Lauflänge: ca. 70 m/50 g). INOX-Stricknadeln Nr. 4, IMRA-Flex-Stricknadeln Nr. 5.

Grundmuster I: Glatt re. (Hinr. re. M., Rückr. li. M.).

Maschenprobe I: 14 M. und 23 R. = 10 cm im Quadrat.

Grundmuster II: 1. und 3. R. (Blau): re. M. str.
2. und 4. R. (Blau): li. M. str.
5. und 6. R. (Rosa): re. M. str.
7. bis 10. R.: Wie 1. bis 4. R., jedoch in Türkis str.
11. und 12. R. (Hellblau): re. M. str.
Die 1. bis 12. R. laufend wiederholen.

Maschenprobe II: 14 M. und 26 R. = 10 cm im Quadrat.

Bündchenmuster: 1 M. re., 1 M. li im Wechsel.

Rückenteil: 60 M. mit Nadeln Nr. 5 in Blau anschl. und im Grundmuster II str. Dabei an der re. Seite für die Ärmelkante 18mal 1 und an der li. Seite für die untere Kante 29mal 1 M. in jeder 2. R. zun. Nach der letzten Ärmelzunahme an dieser Seite für die obere Ärmel- und Schulternaht in jeder 2. R. wieder 1 M. abn. Nach insgesamt 58 R. die M. stillegen und ein 2. Teil, jedoch gegengleich, str. Nun beide Teile zus. auf die Nadel nehmen (die unteren Kanten der beiden Teile treffen dabei in der Mitte der Nadel zus.) und über alle M. im Grundmuster II weiterstr. Dabei in der 1. R. zwischen den Teilen 1 M. zun., dann in jeder 2. R. an dieser Stelle wie folgt abn.: die letzte M. des 1. Teils abh., die zugenommene M. und die 1. M. des 2. Teils zus.str., dann die abgehobene M. überziehen. An den oberen Ärmelnähten weiterhin in jeder 2. R. 1 M. abn.
Nach insgesamt 78 R. (ab M.-Anschlag gezählt) im Grundmuster I weiterstr., 14 R. in Türkis und 34 R. in Blau. Anschließend noch 3 cm in Blau im Bündchenmuster mit Nadeln Nr. 4 str., dabei jedoch nur in der rückw. Mitte im gleichen Rhythmus abn. Dann die restl. M. abk.

Vorderteil: Wie das Rückenteil str.

Ausarbeitung: Die Teile spannen und unter feuchten Tüchern trocknen lassen.
Aus den unteren Kanten von Vorder- und Rückenteil jeweils ca. 56 M. in Blau mit Nadel Nr. 4 aufn. und 12 cm im Bündchenmuster anstr.
Die Schulter- und oberen Ärmelnähte schließen.
Aus den unteren Ärmelkanten jeweils ca. 54 M. von li. mit Nadel Nr. 4 in Blau aufn. und 4 cm im Bündchenmuster anstr.
Seiten- und Ärmelnähte schließen. Die Ärmelbündchen nach außen umschlagen.

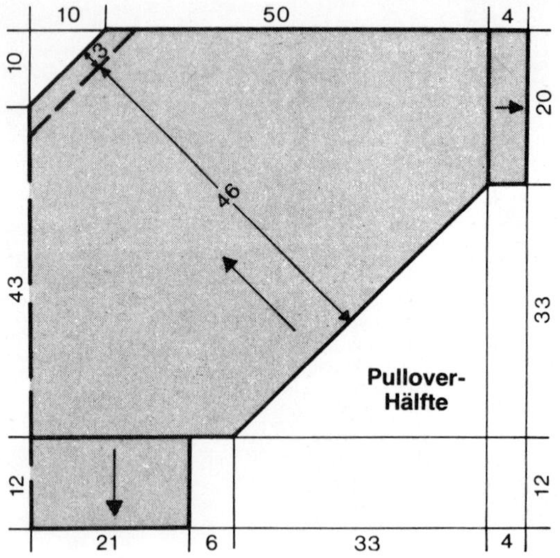

Superweit und superchic

Hier ein schönes Modell für Profis und die es werden wollen. Achtung! Dieser Pullover ist diagonal gestrickt! Sie können sich die Arbeit aber leichter machen, wenn Sie sich einen Schnitt anfertigen und das Strickteil zur Kontrolle immer wieder auflegen. Wir finden, das zauberhafte Ergebnis ist diese kleine Extra-Mühe wert.

Bändchen-pullover

Größe: 36/38 und 40/42.
Die Angaben für Größe 40/42 stehen in Klammern, sofern sie von Größe 36/38 abweichen.

Material: 550 g dunkelgraublaues (Nr. 4), 100 g hellgraublaues (Nr. 1) Bändchengarn von Filpucci/Woll-Service, Qualität „Spighetta Delavè" (100% Baumwolle; Lauflänge: ca. 80 m/50 g). Stricknadeln Nr. 8.

Grundmuster I: Glatt rechts (Hinr. rechte M., Rückr. linke M.).
Grundmuster II: Kraus re. (Hinr. rechte M., Rückr. rechte M.).

Maschenprobe: 14 M. und 19 R. = 10 cm im Quadrat.

Vorderteil: 60 (66) M. mit Nadeln Nr. 8 in Hellgraublau anschl. und 5 cm im Grundmuster I gerade hochstr. Dann nach der Schemazeichnung weiterstr. In der Zeichnung stehen die inneren Linien für Größe 36/38 und die äußeren für Größe 40/42. Die 1. R. (= Hinr.) wie folgt arbeiten: In Hellgraublau: Randm., 1 M. zun., 44 (47) M. re., dann in Dunkelgraublau 14 (17) M. re., 1 M. zun., Randm. = 62 (68) M.

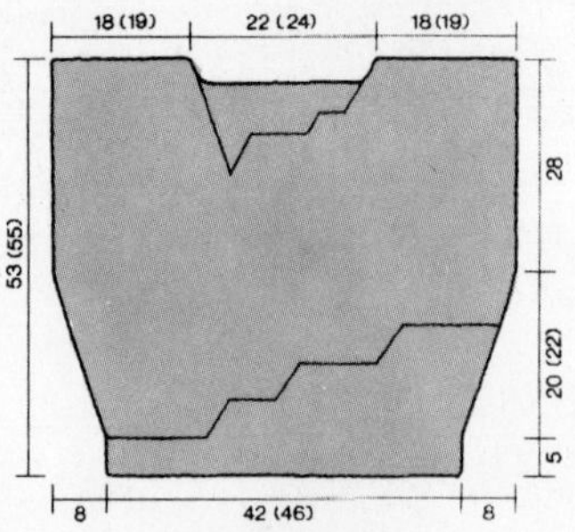

Vorderteil

Die hellen Flächen glatt re., die dunklen Flächen kraus re. str. Bei jedem Farbwechsel die Fäden verkreuzen (siehe Zeichnung), damit keine Löcher entstehen.

Rückenteil: Wie das Vorderteil str., jedoch gegengleich. Statt des hellen Farbfeldes am Halsausschnitt in Dunkelgraublau kraus re. str.

Rechter Ärmel: Wie den linken str., jedoch in Hellgraublau glatt re. beginnen und in 13 cm Höhe im Grundmuster II in Dunkelgraublau weiterstr.

Linker Ärmel: 44 M. mit Nadeln Nr. 8 in Dunkelgraublau anschl. und im Grundmuster I str. Nach 5 cm für die Ärmelschrägung beidseitig in jeder 4. R. 16mal 1 M. zun. = 76 M.
In 40 cm Höhe alle M. locker abk.

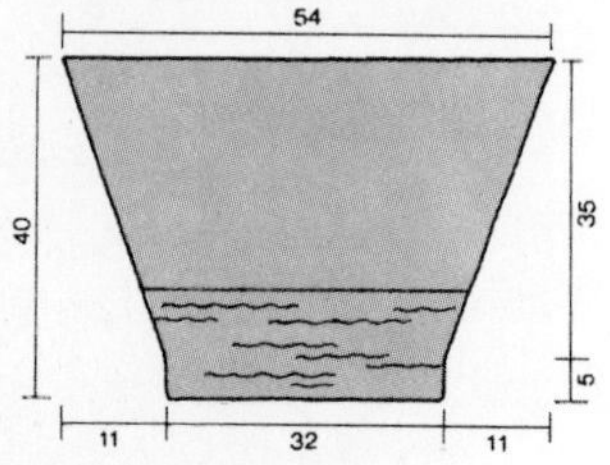

rechter Ärmel

Ausarbeitung: Die Teile nach dem Schnitt spannen und dämpfen.
Alle Nähte schließen.
Die Nähte leicht dämpfen.

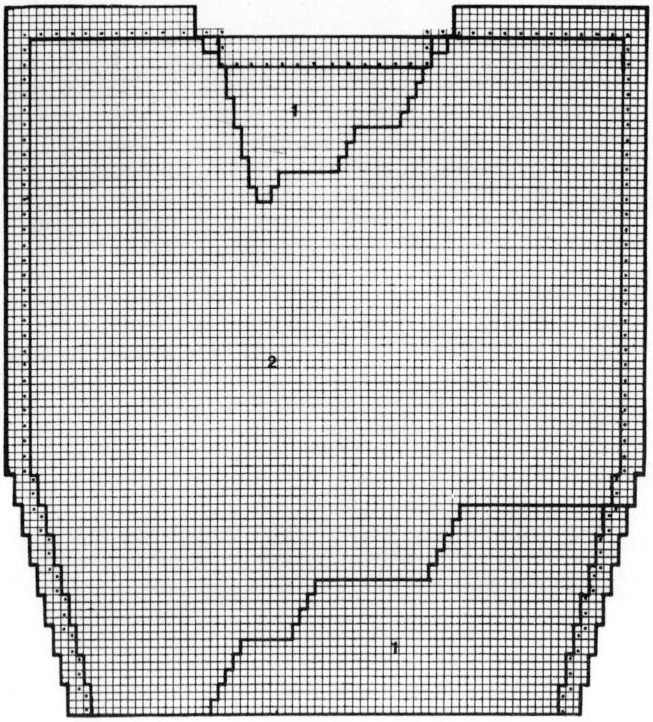

Schemazeichnung

1 = Hellgraublau 2 = Dunkelgraublau

Grafische Flächen – plastische Muster

Topmodisch sind taillenkurze, ganz gerade Pullis. Bei diesem Modell in gebrochenem Blau werden die hellen Flächen glatt rechts, die dunklen in krausen Rippen gearbeitet. Dieser Pulli aus Baumwollbändchen ist schnell gestrickt.

Bändchenpulli mit Jacquard-muster

Größe: 38 bis 42.

Material: 6 Knäuel schwarzes (Nr. 1955), 6 Knäuel beigefb. (Nr. 1963) und 4 Knäuel weißes (Nr. 1950) Baumwollbändchen von Anny Blatt, Qual. „Rub'Anny" (100 % Baumwolle, 1 Knäuel hat 28 g = 50 m). INOX-Stricknadeln Nr. 5 und 7. Häkelnadel Nr. 7.

Grundmuster: Glatt re. (Hinr. re. M., Rückr. li. M.).

Jacquardmuster: 3 M. in Schwarz, 3 M. in Beige im Wechsel str. Die Farben in jeder R. versetzt str.

Maschenprobe: Glatt re. im Jacquardmuster mit Nadeln Nr. 7: 14 M. und 15 R. = 10 cm im Quadrat.

Rückenteil: 82 M. mit Nadeln Nr. 5 in Schwarz anschl. Das Teil wie folgt gerade hochstr., bei den Musterangaben sind die Randm. mit einbezogen:
2 R. in Schwarz nur re. M. str.
2 R. glatt li. 2 M. in Beige, 2 M. in Weiß, enden mit 2 M. in Beige. Dabei erscheinen auf der rechten Seite der Arbeit die Spannfäden und auf der linken Seite die re. M.
4 R. glatt li. 2 M. in Schwarz, 2 M. in Beige, enden mit 2 M. in Schwarz. Die Spannfäden erscheinen auf der rechten Seite der Arbeit, die re. M. auf der linken Seite.
2 R. glatt re. in Weiß.
2 R. glatt re. in Schwarz.
2 R. glatt re. in Weiß.
Mit Nadeln Nr. 7 weiterstr.
12 R. glatt re. 3 M. in Schwarz, 3 M. in Beige, enden mit 3 M. in Schwarz. Die Farben in jeder R. versetzen. Die Spannfäden erscheinen auf der linken Seite der Arbeit, die re. M. auf der rechten Seite.
2 R. glatt re. in Weiß.
2 R. glatt re. in Schwarz.
2 R. glatt re. in Weiß.
Die letzten 18 R. noch 2 mal wiederholen = 36 R.
4 R. glatt li. 2 M. in Schwarz, 2 M. in Beige, enden mit 2 M. in Schwarz. Die Spannfäden erscheinen wieder auf der rechten Seite.
Dann glatt li. 2 M. in Beige, 2 M. in Weiß, enden mit 2 M. in Beige, str., bis eine Gesamthöhe von 57 cm erreicht ist.
Dann alle M. abk.

Vorderteil: Bis auf den Halsschnitt genau wie den Rücken str. In 50 cm Höhe für den Halsausschnitt die mittleren 16 M. gerade abk. Beidseitig davon in jeder 2. R. 1mal 3, 1mal 2 und 2mal 1 M. abk. Gerade hoch weiterstr.
In 57 cm Höhe die restl. M. abk.

Ärmel: 48 M. mit Nadeln Nr. 5 in Schwarz anschl. und das Muster genau wie beim Rückenteil beschrieben str. Die mittleren Musterstreifen jedoch nur 2mal arbeiten. Für die Ärmelschrägung nach der 8. R. mit den Zunahmen beginnen:
7mal in jeder 4. R., dann 5mal in jeder 2. R. beidseitig 1 M. zun. Dann noch 2 mal in jeder 2. R. 2 M. zun. = 80 M.
In 32 cm Höhe alle M. locker abk.
Den 2. Ärmel genauso str.

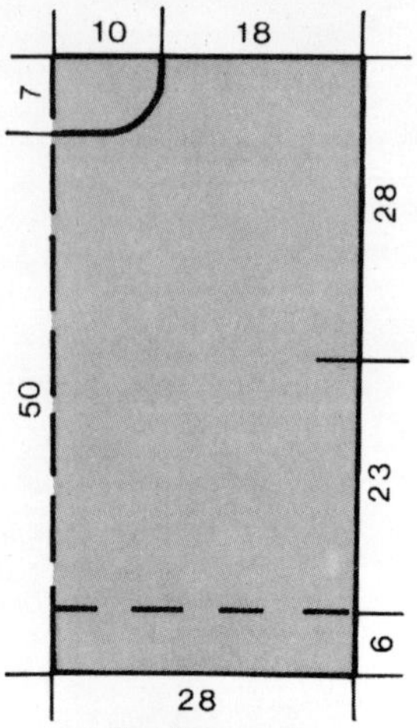

Vorder- und Rückenteil-Hälfte

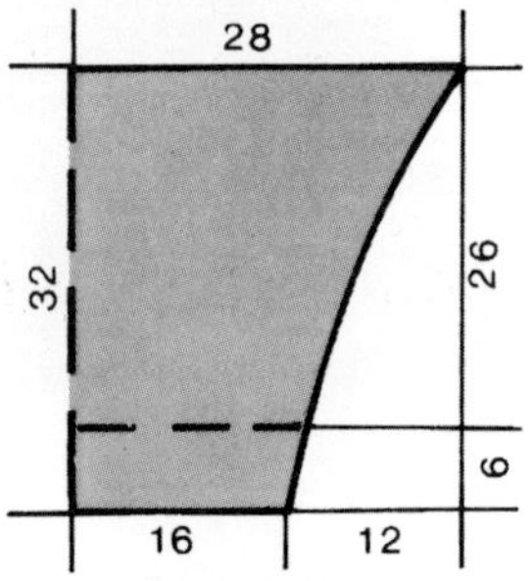

Ärmel-Hälfte

Ausarbeitung: Die Teile nach dem Schnitt spannen und unter feuchten Tüchern trocknen lassen.
Die Schulternähte schließen.
Die Ärmel ansetzen. Ärmel- und Seitennähte in einem Arbeitsgang schließen.
Den Halsausschnitt mit 1 R. Kettm. umhäkeln.

Fransig und fein

Auch hier noch einmal dünnes Baumwoll-Schrägband mit fransigen Kanten. Das effektvolle Jacquardmuster des Pullis ist ganz einfach zu stricken, aber so raffiniert, daß Sie ihn von beiden Seiten tragen könnten.

Pullover mit V-Spitze

Größe: 38/40.

Material: 350 g khakifb. (Nr. 1618), 250 g blaue (Nr. 1620) und 50 g petrolfb. (Nr. 1631) Wolle (100 % Schurwolle) von Schachenmayr, Qual. „Rondino". Perl-INOX-Stricknadeln Nr. 3 und 4. 40 cm lange Rundstricknadel Nr. 3.

Grundmuster: Perlmuster: 1 M. re., 1 M. li. im Versatz.

Maschenprobe: 24 M. und 38 R. = 10 cm.

Bündchenmuster: 1 M. re., 1 M. li. im Wechsel.

Rückenteil: 100 M. in Khaki mit Nadeln Nr. 3 anschl. und 6 cm im Bündchenmuster str. Dann mit Nadeln Nr. 4 im Grundmuster weiterstr. Dabei die Rückr. li. str. und in dieser R. 19 M. gleichmäßig verteilt zun. (= 119 M.). In 20 cm Höhe die mittl. M. in Petrol str. und in jeder folg. 2. R. beids. 1 M. mehr in Petrol str., bis 10 R. in Petrol gestr. sind, dann die mittl. M. in Blau str. und in jeder folg. 2. R. beids. 1 M. mehr in Blau str. Den petrolfb. Streifen nun mit 2 Knäueln weiterstr. und beim Farbwechsel die Fäden auf der Rückseite miteinander verkreuzen. In 38 cm Höhe für die Raglanschrägung beids. in jeder 2. R. 44 x 1 M. abk. Die restl. M. in 62 cm Höhe gerade abk.

Vorderteil: Wie das Rückenteil str., jedoch für die Raglanschrägung beids. 40 x in jeder 2. R. 1 M. abk. und in 59 cm Höhe für den Halsausschnitt die mittl. 17 M. gerade und beids. in jeder 2. R. 1 x 6 und 1 x 5 M. abk.

Ärmel: 52 M. in Khaki mit Nadeln Nr. 3 anschl. und 6 cm im Bündchenmuster str. Dann mit Nadeln Nr. 4 im Grundmuster weiterstr. Dabei die Rückr. li. str. und in dieser R. 19 M. gleichmäßig verteilt zun. (= 71 M.) Für die Ärmelschrägung beids. 17 x in jeder 8. R. 1 M. zun. (= 105 M.) In 31 cm Höhe die mittl. M. in Petrol str. und wie beim Rückenteil beschrieben den petrolfb. und blauen Streifen einstr. In 45 cm Höhe für die Raglanschrägung vorne 40 x in jeder 2. R. und hinten 42 x in jeder 2. R. 1 M. abk. In 65 cm Höhe, wenn noch 35 M. auf der Nadel sind, für die rückw. Seite 17 M. str., 5 M. abk. und 13 M. (= vorne) str. Nun vorne an der Innenkante in jeder 2. R. 1 x 3, 1 x 2 und 3 x 1 M. abk. Nun an der rückw. Innenkante in jeder 2. R. 1 x 3, 1 x 2, 1 x 1 M. und in jeder 4. R. 2 x 1 M. abk. Den 2. Ärmel gegengl. str.

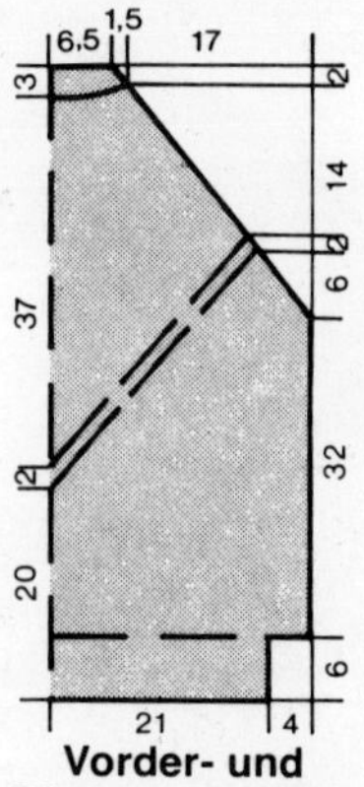

Vorder- und Rückenteil-Hälfte

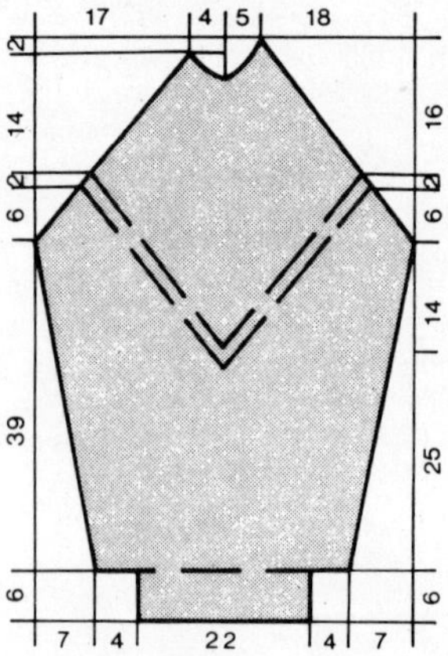

Ärmel

Ausarbeitung: Teile nach dem Schnitt spannen und unter feuchten Tüchern trocknen lassen. Alle Nähte schließen. Aus dem Halsausschnitt mit der Rundstricknadel ca. 112 M. in Petrol aufn. und 2 cm im Bündchenmuster anstr.

Einfach zum Verlieben

Salopper Pulli aus ganz weicher Wolle. So kommt das hübsche Perlmuster besonders schön zur Geltung. Ob Sie von Lagunen träumen oder nur einfach einen Bummel durch den Botanischen Garten planen, um dieses Modell wird man Sie sicher beneiden.

Melierter Pulli mit Fledermausärmeln

Größe: 36/38, 40/42 und 44/46.
Die 1. Zahl steht für Größe 36/38, die 2. Zahl für Größe 40/42 und die 3. Zahl für Größe 44/46. Steht nur eine Zahl, so gilt sie für alle Größen.

Material: 500/550/550 g grün-rost-natur-meliertes (Nr. 5) Garn, Qual. „Seide-Leinen-Baumwolle" (42 % Seide, 36 % Baumwolle, 22 % Leinen, Lauflänge: ca. 100 m/50 g). Zu bestellen beim Hamburger Wollversand, Julius-Leber-Str. 21, 2000 Hamburg 50, für Größe 36/38 für 69,– DM und ab Größe 40 für 75,90 DM plus Porto und Nachnahme.
Sie benötigen noch INOX-Stricknadeln Nr. 2½, 3 und 3½–4. 1 Zopfnadel, 1 INOX-Häkelnadel Nr. 3½. Etwas Hutgummi. Beigefb. Nähgarn.

Grundmuster I: Glatt re. (Hinr. re. M., Rückr. li. M.).

Maschenprobe I: 18,5 M. und 26 R. = 10 cm im Quadrat.

Grundmuster II: Zopf über 12 M. plus 1 Randm. (beim re. Zopf die Randm. an der re. Seite, beim li. Zopf an der li. Seite).
Die Randm. immer als Knötchenrand str.
1. R.: Randm., 2 M. li., 8 M. re., 2 M. li.
2. und alle folg. Rückr.: 2 M. re., 8 M. li., 2 M. re., Randm.
3. und 5. R.: Wie 1. R. str.
7. R.: Randm., 2. M. li., 4 M. auf 1 Hilfsnadel vor die Arbeit nehmen (beim linken Zopf hinter die Arbeit nehmen), 4 M. re. str., dann die M. der Hilfsnadel re. str., 2 M. li.
9. R.: Wie 1. R. str.
Die 1. bis 10. R. laufend wiederh.
Grundmuster III: 1. R. (Hinr.): * 1 Umschlag, 1 M. re. str., ab * wiederholen.
2. R. (Rückr.): * 1 M. re., den Umschlag der Vorr. fallen lassen, ab * wiederholen.
3. bis 6. R.: Kraus re. (Hinr. re. M., Rückr. re. M.).
Die 1. bis 6. R. laufend wiederholen.

Maschenprobe III: 16,5 M. und 26 R. = 10 cm im Quadrat.

Bündchenmuster: 1 M. re., 1 M. li. im Wechsel. Bei allen Bündchen immer den Nähgarnfaden mitlaufen lassen.

Vorder- und Rücken-Mittelteil: Das Teil wird vorerst ohne Bündchen über die Schulter hinweg in einem Stück gestr. und mit dem vord. Teil begonnen.
44/48/48 M. mit Nadeln Nr. 3½–4 anschl. und in folg. Musteraufteilung str.: Randm., 12 M. Zopf, 18/22/22 M. Grundmuster I, 12 M. Zopf, Randm. Dabei beids. jeweils zwischen Zopf und Grundmuster I in jeder 6. R. 10mal 1 M., danach in jeder 8. R. 7mal 1 M zun. = 78/82/82 M. Diese Zunahmen ebenfalls im Grundmuster I str.
In 40/41/41 cm Höhe für den Halsausschnitt die mittl. 16 M. gerade abk. Dann die M. der einen Seite stillegen und über die M. der anderen Seite weiterstr., dabei an der Halsausschnittseite in jeder 2. R. 1mal 4, 2mal 2 und 1mal 1 M. abk. Weiter gerade hochstr.
In 45/46/46 cm Höhe die verbleibenden Schulterm. stillegen und die andere Seite bis zu diesem Punkt gegengleich str.
Nun die abgek. 30 Halsausschnittm. zwischen den Schultern neu anschl. Über alle M. das rückw. Mittelteil ohne Halsausschnitt gegengleich anstr., dabei werden alle Zunahmen zu Abnahmen.

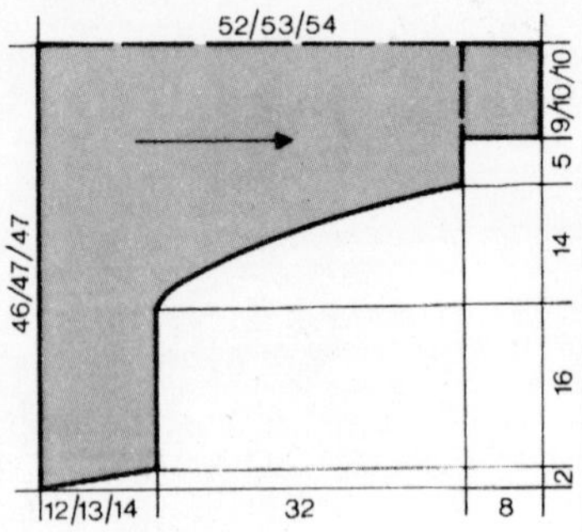

Seitenteil und Ärmel-Hälfte

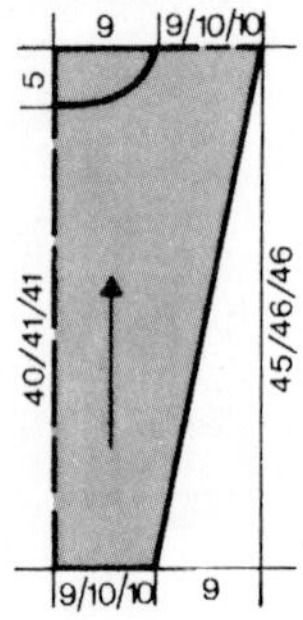

Vorder- und Rückenteil-Hälfte

Seitenteil mit Ärmel: Aus einer gesamten Seitenkante von Vorder- und Rückenteil 152/156/156 M. mit Nadel Nr. 3½–4 aufn. Dabei immer in die letzte M. vor der Randm. von der Innenseite aus einstechen, so daß die Knötchenrandm. obenauf liegen.
Mit diesen neu aufgenommenen M. das Seitenteil mit Ärmel im Grundmuster III anstr., dabei beids. (= untere Kante) in jeder 6. R. 4mal 1 M. abk. = 144/148/148 M.
In 12/13/14 cm Höhe beids. 1mal 27 M. gerade, dann in jeder 2. R. 6mal 1 M. abk. Danach für die Ärmelschrägung beids. in der folg. 4. R. 1mal 1 M. und in jeder 6. R. 13mal 1 M. abn. = 50/54/54 M.
In 44/45/46 cm Höhe auf Nadeln Nr. 2½ überwechseln und 8 cm im Bündchenmuster str., dabei in der 1. R. gleichmäßig verteilt 16 M. abn. = 34/38/38 M.
Das 2. Seiten-Ärmelteil genauso str.

Ausarbeitung: Das Teil nach dem Schnitt spannen und unter feuchten Tüchern trocknen lassen.
Aus den unteren Pulloverkanten mit Nadeln Nr. 2½ (für Größe 44/46 Nadeln Nr. 3–3½) ca. 76/80/84 M. aufn. und 11/12/12 cm im Bündchenmuster (und Nähgarn) anstr. Die M. im M.-Rhythmus abk.
Seiten- und Ärmelnähte in einem Arbeitsgang schließen.
Den Halsausschnitt mit 1 R. Kettm. umhäkeln.
Da jedes Seiden-Leinen-Garn nicht elastisch ist, kann man oberhalb des Bündchens von Vorder- und Rückenteil Hutgummi einziehen.

Pulli mit Webeffekt

Größe: 36/38, 40/42 und 44/46.
Die 1. Zahl steht für Größe 36/38, die 2. Zahl für Größe 40/42 und die 3. Zahl für Größe 44/46. Steht nur eine Zahl, so gilt sie für alle Größen.

Material: 350/400/400 g erdton-natur-meliertes (Nr. 4) Garn, Qual. „Seide-Leinen-Baumwolle" (42 % Seide, 36 % Baumwolle, 22 % Leinen, Lauflänge: ca. 100 m/50 g), und 100 g gelbes (Nr. 13) und je 50 g braunes (Nr. 15) und rostfb. (Nr. 14) Leinengarn, Qual. „Leinen-Baumwolle (40 % Leinen, 60 % Baumwolle, Lauflänge: ca. 110 m/50 g). Fertig abgepackt zu bestellen in Größe 36/38 für 66,30 DM, ab Größe 40 für 73,20 DM plus Porto und Nachnahme beim Hamburger Wollversand, Julius-Leber-Str. 21, 2000 Hamburg 50. INOX-Stricknadeln Nr. 2½, 3½ und 4. 1 Rolle beigefb. Nähgarn.

Grundmuster: M.-Zahl teilbar durch 2 plus 1 M.
1. und 2. R.: Re. M. in Meliert str.
3. R.: Einfarbig: Randm., * 1 M. re., 1 M. li. abh. (Faden liegt hinter der Arbeit), ab * wiederholen, 1 M. re., Randm.
4. R.: Einfarbig: Randm., * 1 M. re., 1 M. li. abh. (Faden liegt vor der Arbeit), ab * wiederholen, 1 M. re., Randm.
5. und 6. R.: Re. M. in Meliert str.
7. R.: Wie die 3. R. str., dabei das Muster um 1 M. versetzen.
8. R.: Wie die 4. R. str., dabei das Muster um 1 M. versetzen.
Die 1. bis 8. R. laufend wiederholen.

Streifenfolge: * Jeweils 12 R. in Meliert/Braun, Meliert/Gelb, Meliert/Rost, Meliert/Gelb, ab * laufend wiederholen.

Maschenprobe: 17,5 M. und 32 R. = 10 cm im Quadrat.

Bündchenmuster: 1 M. re., 1 M. li. im Wechsel. Bei den Bündchen das Nähgarn mitlaufen lassen.

Rückenteil: 78/82/86 M. mit Nadeln Nr. 2½ (für Größe 44/46 mit Nadeln Nr. 3½) in Meliert anschl. und 8 cm im Bündchenmuster str., dabei in der letzten R. gleichmäßig verteilt 11 M. zun. = 89/93/97 M.
Dann im Grundmuster nach der Streifenfolge mit Nadeln Nr. 4 weiterstr.
In 56/58/58 cm Höhe (hängend gemessen) über alle M. mit Nadeln Nr. 3½ noch 2 cm im Bündchenmuster in Meliert anstr.

Vorderteil: Bis auf den Halsausschnitt wie das Rückenteil str. Dafür in 55/57/57 cm Höhe (hängend gemessen) die mittl. 28 M. stillegen, beids. davon in jeder 2. R. noch 2mal 3 M. stillegen. Dann über alle M. noch 2 cm im Bündchenmuster in Meliert mit Nadeln Nr. 3½ anstr.

Ärmel: 38/42/44 M. mit Nadeln Nr. 2½ in Meliert anschl. und 7 cm im Bündchenmuster str., dabei in der letzten R. verteilt 14 M. zun. = 52/56/58 M.
Dann im Grundmuster mit Nadeln Nr. 4 weiterstr., jedoch die Streifenfolge mit Meliert/Gelb beginnen. Gleichzeitig für die Ärmelschrägung beids. in jeder 6. R. 18mal 1 M. zun. = 88/92/94 M.
In 44 cm Höhe beids. 1mal 8 und in der folg. 2. R. 1mal 4 M. abk., dann die restl. M. gerade abk.
Den 2. Ärmel genauso str.

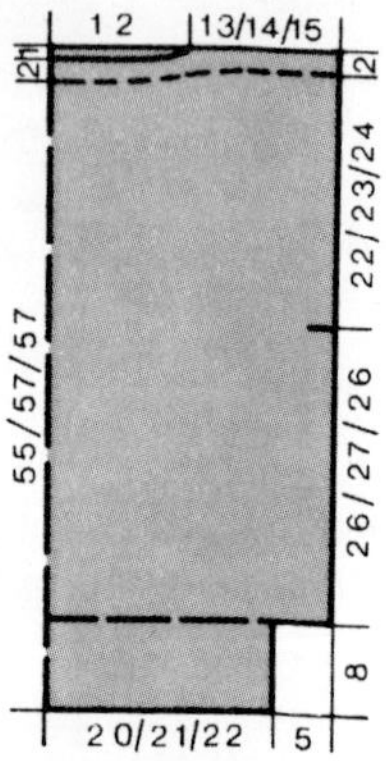

Vorder- und Rückenteil-Hälfte

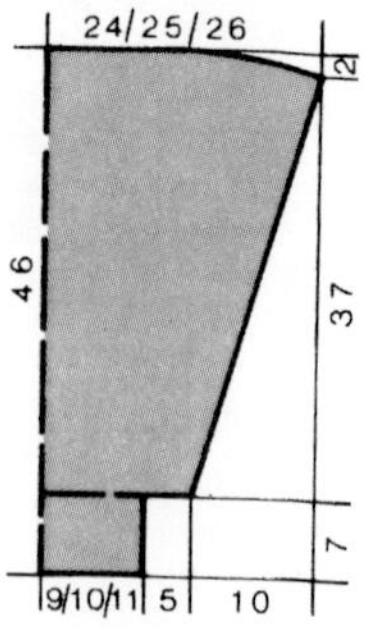

Ärmel-Hälfte

Ausarbeitung: Die Teile nach dem Schnitt spannen und unter feuchten Tüchern trocknen lassen.
Alle Nänte schließen und die Ärmel einnähen.
Eventuell Hutgummi oberhalb des Bündchens einziehen.

Im Leinen-Look

▽ Einfach zu stricken und groß in der Wirkung! Was bei diesem Pulli mit dem U-Boot-Ausschnitt und Rippenbündchen aussieht wie gewebt, ist ein ganz einfaches Rechts-links-Muster. Gestrickt wird mit einfarbigem Leinengarn in Maisgelb und Braun und meliertem Seiden-Leinen-Gemisch. Ein Pulli, der Frauen mit sportlicher Note besonders gut steht.

△ Ein Fledermaus-Pulli, der durch seine raffinierte Machart wirkt. Zuerst wird das Mittelstück mit den beiden Zöpfen gearbeitet, dann aus den Kanten die Seitenteile mit Zugmaschen herausgestrickt. Das edle Material, eine Mischung aus Leinen, Seide und Baumwolle, macht den sportlichen Pulli elegant.

Naturfarbener Pulli mit Musterstreifen

Größe: 36/38, 40/42 und 44/46.
Die 1. Zahl steht immer für Größe 36/38, die 2. Zahl steht für Größe 40/42 und die 3. Zahl für Größe 44/46. Steht nur eine Zahl, so gilt sie für alle Größen.

Material: 450/450/500 g naturfarb. (Nr. 1) Baumwolle, Qual. „Softy" (100 % Baumwolle, Lauflänge: ca. 100 m/50 g), und 150/150/200 g naturmeliertes Garn, Qual. „Seide-Leinen-Baumwolle" (42 % Seide, 22 % Leinen, 36 % Baumwolle, Lauflänge: ca. 100 m/50 g), zu bestellen in Größe 36–42 für 52,20 DM, in Größe 44/46 für 62,60 DM, plus Porto und Nachnahme. Adresse siehe Modell 1. Sie benötigen noch Stricknadeln Nr. 3 und 3½–4. 1 Häkelnadel Nr. 3½, 1 Sticknadel ohne Spitze.

Grundmuster:
1. R.: Meliert: 1 M. re., 1 M. li. im Wechsel.
2. R.: Wie 1. R., nur versetzt str.
3. R.: Natur: wie 1. R.
4. R.: Natur: li. M.
5. und 6. R.: Natur: glatt re. (Hinr. re. M., Rückr. li. M.).
7.–10. R.: Wie 1.–4. R.
11.–16. R.: Wie 5. und 6. R.
17. und 18. R.: Meliert: kraus re. (Hinr. re. M., Rückr. re. M.).
19.–22. R.: Wie 5. und 6. R.
23. und 24. R.: Wie 17. und 18. R.
Die 1.–24. R. laufend wiederholen.

Maschenprobe: 19 M. und 28 R. = 10 cm im Quadrat.

Bündchenmuster: 1 M. re., 1 M. li. im Wechsel.

Rückenteil: 86/90/96 M. mit Nadeln Nr. 3. in Natur anschl. und 3 cm im Bündchenmuster str.
Danach weiter mit Nadeln Nr. 3½–4 str., dabei für Größe 40/42 anfangs 2 R., für Größe 44/46 anfangs 4 R. glatt re. in Natur str., dann im Grundmuster weiterarb. Für die seitl. Schrägung beidseitig nach jeweils 7 cm 3mal 1 M. zun. = 92/96/102 M. Dann gerade hoch weiterstr. In 55/57/58 cm Höhe alle M. gerade abk.

Vorderteil: Bis auf den Halsausschnitt wie das Rückenteil str. In 49/51/53 cm Höhe die mittl. 22 M. gerade, beids. davon in jeder 2. R. 1mal 3, 1mal 2 und 1mal 1 M. abn. In 54/56/58 cm Höhe die Schulterm. gerade abk.

Ärmel: 60/64/68 M. mit Nadeln Nr. 3 in Natur anschl. und 3 cm im Bündchenmuster str., danach weiter mit Nadeln Nr. 3½–4, das Grundmuster ab der 17. R. aufnehmen. Gleichzeitig für die Ärmelschrägung beids. anfangs 3mal 1 M. in jeder 8. R., danach 5mal 1 M. in jeder 6. R., dann 7mal 1 M. in jeder 4. R. zun., danach noch 5mal 1 M. in jeder 2. R. zun. = 100/104/108 M.
In 36/37/38 cm Höhe beids. 1mal 7, danach in jeder 2. R. noch 1mal 4 und 1mal 2 M. abk., danach die restl. M. gerade abk.
Den 2. Ärmel genauso str.

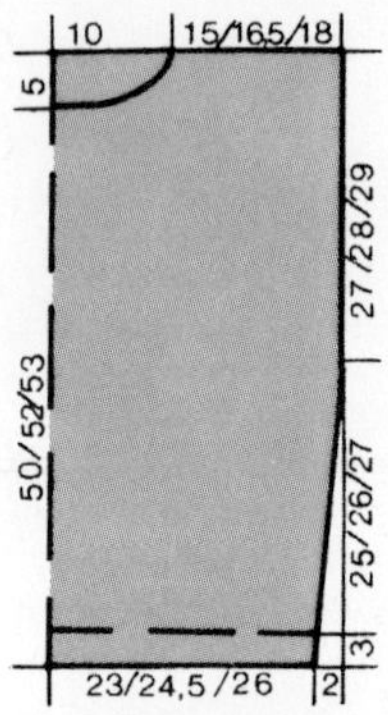

Vorder- und Rückenteil-Hälfte

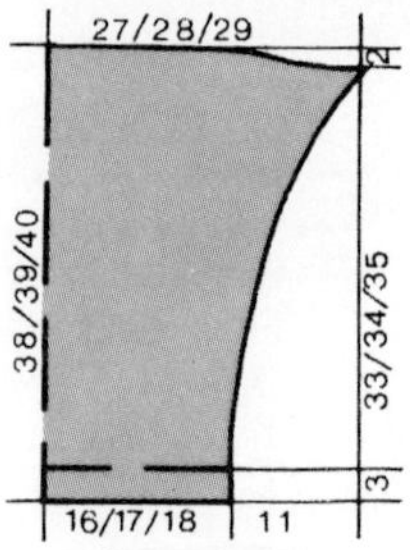

Ärmel-Hälfte

Ausarbeitung: Alle Teile nach dem Schnitt spannen und unter feuchten Tüchern trocknen lassen.
Bei den 4 glatt re. R. zwischen den kraus re. R. jeweils die 2. und 3. R. im Steppstich in Meliert mit doppeltem Faden besticken, dabei in der Hinr. über die 2. R. in Natur sticken, so daß der melierte Faden immer 2 M. oberhalb und 2 M. unterhalb der R. verläuft. In der Rückr. (= 3. R.) die Stickerei versetzt ausführen.
Alle Nähte schließen. Ärmel einsetzen. Den Halsausschnitt in Natur mit 1 R. festen M. und 1 R. Kettm. umhäkeln.

Naturfarben und Erdtöne

Aktuelle Musterstreifen auf wollweißem Grund für sportlich attraktive Mode. Der Pulli mit den weiten, eingesetzten Ärmeln ist überwiegend aus Baumwollgarn gestrickt und so die ideale Ergänzung zur Sommermode.
Großflächig und asymmetrisch, mit nur wenigen zarten Streifen, die lediglich ausgleichende Farbakzente setzen, unser zweites Modell. Auch eine nette „Partner-Idee" für Mütter und große Töchter?

Pulli mit asymmetrischer Flächen-aufteilung

Größe: 36, 38/40 und 42/44.
Die 1. Zahl steht für Größe 36, die 2. Zahl für Größe 38/40 und die 3. Zahl für Größe 42/44. Steht nur eine Zahl, so bezieht sie sich auf alle Größen.

Material: 350/350/400 g erdton-natur-meliertes (Nr. 1) Baumwollgarn, Qual. „Softy" (100 % Baumwolle, Lauflänge: ca. 100 m/50 g), und 250 g naturmeliertes (Nr. 4) Garn, Qual. „Seide-Leinen-Baumwolle" (42 % Seide, 36 % Baumwolle, 22 % Leinen, Lauflänge: ca. 100 m/50 g). Zu bestellen für Größe 36 bis 40 für 59,– DM und für Größe 42/44 für 62,50 DM plus Porto und Nachnahme beim Hamburger Wollversand, Julius-Leber-Str. 21, 2000 Hamburg 50.
Sie benötigen noch INOX-Stricknadeln Nr. 2½ und 3½–4, kurze Rundstricknadel Nr. 3½–4. Etwas Hutgummi. Naturfb. Nähgarn.

Grundmuster: Glatt re. (Hinr. re. M., Rückr. li. M.).

Einstrickmuster: Siehe Schemazeichnung. Die unterbrochenen Streifen immer kraus re. (Hin. re. M., Rückr. re. M.) in Meliert einstr.

Bündchenmuster: 1 M. re., 1 M. li. im Wechsel, dabei in jeder Hinr. die re. M. verschränkt str. Bei den Bündchen immer das Nähgarn mitlaufen lassen.

Maschenprobe: 19 M. und 27 R. = 10 cm im Quadrat.

Vorderteil: 72/76/82 M. mit Nadeln Nr. 2½ in Natur (und Nähgarn) anschl. und 15 cm im Bündchenmuster str. Dabei in der letzten R. gleichmäßig verteilt 14 M. zun. = 86/90/96 M.
Weiter im Grundmuster mit Nadeln Nr. 3½–4 und nach der Schemazeichnung arbeiten. Dabei die seitl. Zunahmen und die Abnahmen für den Halsausschnitt ebenfalls nach der Zeichnung str.
In 62/63/64 cm Höhe (am Ende der Zeichnung) die Schulterm. gerade abk.

Rückenteil: Wie das Vorderteil str., jedoch ohne Halsausschnitt und gegengleich, d. h., beim Zusammennähen müssen jeweils die Streifen an der Seite und die gleichen Farben an den Schultern zus.-treffen.

Linker Ärmel: 34/37/40 M. mit Nadeln Nr. 2½ in Natur (und Nähgarn) anschl. und 8 cm im Bündchenmuster str. Dabei in der letzten R. gleichmäßig verteilt 20 M. zun. = 54/57/60 M.

Weiter mit Nadeln Nr. 3½–4 im Grundmuster 10 R. in Natur, 2 R. in Meliert, 6 R. in Natur, 4 R. in Meliert, 8 R. in Natur, 4 R. in Meliert, 10 R. in Natur, 4 R. in Meliert, 6 R. in Natur, 2 R. in Meliert, 8 R. in Natur, 4 R. in Meliert, 12 R. in Natur, 4 R. in Meliert, 6 R. in Natur, 2 R. in Meliert, 6 R. in Natur und 3 R. in Meliert str., dann alle M. gerade abk. Dabei die melierten R. hin und zurück immer re. str.
Gleichzeitig für die Ärmelschrägung beids. in jeder 6. R. 8mal 1 M., in jeder 4. R. 10mal 1 M. und in jeder 2. R. 3mal 1 und 3mal 2 M. zun. = 108/111/114 M.

Rechter Ärmel: Wie den linken Ärmel str., jedoch glatt re. in Meliert.

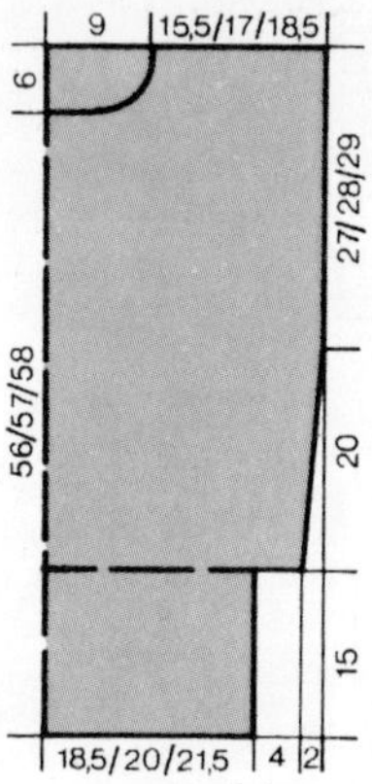

Vorder- und Rückenteil-Hälfte

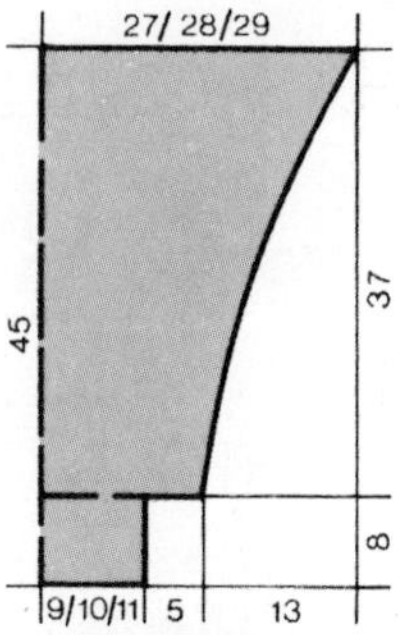

Ärmel-Hälfte

Ausarbeitung: Die Teile nach dem Schnitt spannen und unter feuchten Tüchern trocknen lassen.
Alle Nähte schließen und die Ärmel einnähen.
Aus dem Halsausschnitt mit der Rundstricknadel ca. 80 M. in Meliert aufn. und 18 Rd. re. M. str. Dabei in der 8. Rd. verteilt 8 M. zun. Die M. locker abk. und die Blende nach außen umrollen.
In die oberste Bündchen-R. von Vorder- und Rückenteil Hutgummi einziehen.

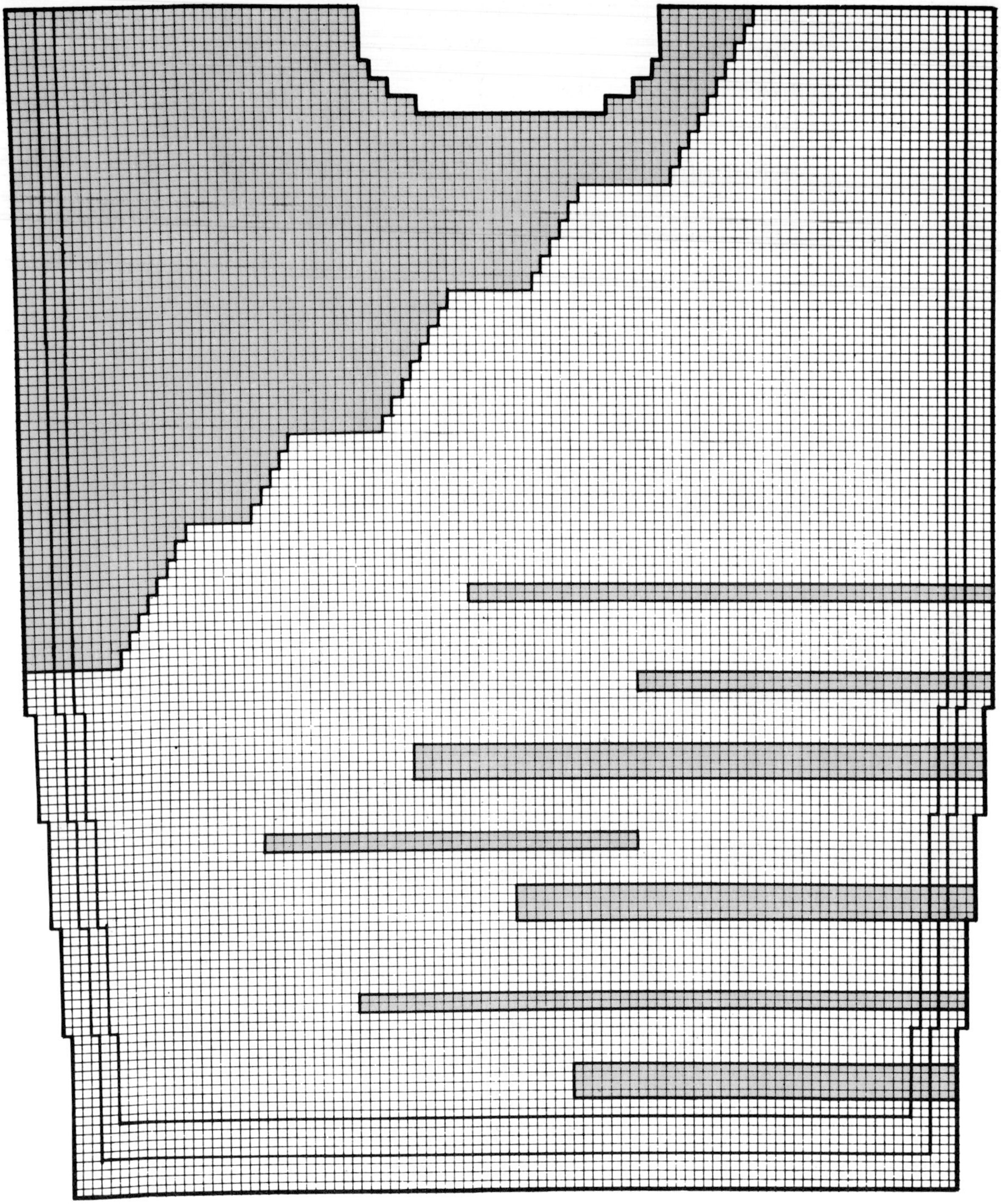

Schemazeichnung für das Vorderteil

Pullover mit irischen Mustern

Größe: 38/40 und 42/44.
Die Angaben für Größe 42/44 stehen in Klammern, sofern sie von Größe 38/40 abweichen.

Material: 400 (450) g grünmeliertes (Nr. 24) und 350 (400) g blaumeliertes (Nr. 18) Garn von Klaus Koch, Qualität „Glenmore" (51% Wolle, 39% Polyacryl, 10% Viskose, Lauflänge: ca. 80 m/50 g). INOX-Stricknadeln und kurze Rundstricknadeln (40 cm lang) Nr. 4 und 5.

Grundmuster: Siehe Schemazeichnung. Es sind nur die Hinr. gezeichnet, in den Rückr. die M. str., wie sie erscheinen. D. h., alle M., die in der Hinr. rechts gestr. wurden, werden in der Rückr. links gestr. und umgekehrt.
2 rechte M. verkreuzen: 1 M. auf 1 Hilfsnadel vor die Arbeit nehmen, 1 M. rechts str., dann die M. der Hilfsnadel rechts str.
2 M. nach rechts kreuzen: 2 M. auf 1 Hilfsnadel hinter die Arbeit nehmen, 2 M. rechts str., dann die M. der Hilfsnadel rechts str.
2 M. nach links kreuzen: 2 M. auf 1 Hilfsnadel vor die Arbeit nehmen, 2 M. rechts str., dann die M. der Hilfsnadel rechts str.
3 M. nach links kreuzen: 3 M. auf 1 Hilfsnadel vor die Arbeit nehmen, 3 M. rechts str., dann die M. der Hilfsnadel rechts str.
1 M. nach links kreuzen: Hinr.: 1 M. auf 1 Hilfsnadel vor die Arbeit nehmen, 1 M. links str., dann die M. der Hilfsnadel rechts str. Rückr.: Die in der Hinr. rechts gestr. M. in der Rückr. nur abheben, der Faden liegt vor der M.
1 M. nach rechts kreuzen: Hinr.: 1 M. auf 1 Hilfsnadel hinter die Arbeit nehmen, 1 M. rechts str., dann die M. der Hilfsnadel links str. Rückr.: Die in der Hinr. rechts gestr. M. in der Rückr. nur abheben, der Faden liegt vor der M.

Maschenprobe: Perlmuster: 18 M. und 22 R. = 10 cm im Quadrat.

Bündchenmuster: 1 M. rechts, 1 M. links im Wechsel str.

Rückenteil: 90 (96) M. mit Nadeln Nr. 4 in Grün anschlagen und 8 cm im Bündchenmuster str. Dann 1 Rückr. linke M. str., dabei gleichmäßig verteilt 18mal 1 M. verschränkt aus dem Querfaden zunehmen = 108 (114) M.
Weiter mit Nadeln Nr. 5 im Grundmuster gerade hochstr. Dabei für Größe 38/40 bei Punkt A und für Größe 42/44 bei Punkt B beginnen. Erst das Seitenmotiv str., dann das Mittelmotiv und wieder das Seitenmotiv, nun jedoch gegengleich str. Dabei in der 1. R. die ersten 3 (2) M. in Blau, die übrigen M. in Grün str. und nun in jeder R. 2 M. mehr in Blau und 2 M. weniger in Grün str. Beim Farbwechsel die Fäden miteinander verkreuzen.
Wenn alle M. in Blau gestr. sind, in der nächsten Hinr. mit 3 (2) M. in Grün wieder beginnen und nun die grünen M. in jeder R. um 2 M. erweitern.
In 38 cm Höhe für die Armausschnitte beidseitig 1mal 4 M. abketten = 100 (106) M.
In 65 cm Höhe alle M. gerade abk.

Vorderteil: Bis auf den Halsausschnitt wie das Rückenteil str., jedoch gegengleich. D. h., in der 1. R. werden die letzten 3 (2) M. in Blau gestr. und die blauen M. in die andere Richtung erweitert.
Für den Halsausschnitt in 57 cm Höhe die mittleren 20 M. abketten und jede Seite für sich beenden. Dabei an der Halsausschnittkante in jeder 2. R. 1mal 3, 1mal 2 und 2mal 1 M. abketten.
Die Schulterm. in 65 cm Höhe abk.

Rechter Ärmel: 36 M. in Blau mit Nadeln Nr. 4 anschlagen und 7 cm im Bündchenmuster str. Dann 1 Rückr. linke M. str. und gleichmäßig verteilt 6mal 1 M. verschränkt aus dem Querfaden zunehmen = 42 M.
Weiter mit Nadeln Nr. 5 im Grundmuster arbeiten, dabei bei Punkt C beginnen und 7 M. vom Seitenmotiv, dann das Mittelmotiv und noch einmal 7 M. vom Seitenmotiv str.
Zugleich für die Ärmelschrägung beidseitig in jeder 6. R. 13mal 1 M. zunehmen = 68 M. Diese Zunahmen im großen Perlmuster str.
In 34 cm Höhe in Grün weiterstr. und in 47 cm Höhe alle M. abketten.

Linker Ärmel: Wie den rechten Ärmel str., jedoch mit Grün beginnen und in 34 cm Höhe in Blau weiterstr.

Ausarbeitung: Die Teile nach den Maßen des Schnittes spannen und unter feuchten Tüchern trocknen lassen.
Schulternähte schließen, dann die Ärmel einnähen und zum Schluß Seiten- und Ärmelnähte in einem Arbeitsgang schließen.
Aus dem Halsausschnitt mit der Rundstricknadel Nr. 4 ca. 90 M. in Grün aufnehmen und in Runden im Bündchenmuster str. In 7 cm Höhe auf Nadel Nr. 5 überwechseln und in 17 cm Höhe alle M. locker im M.-Rhythmus abketten.

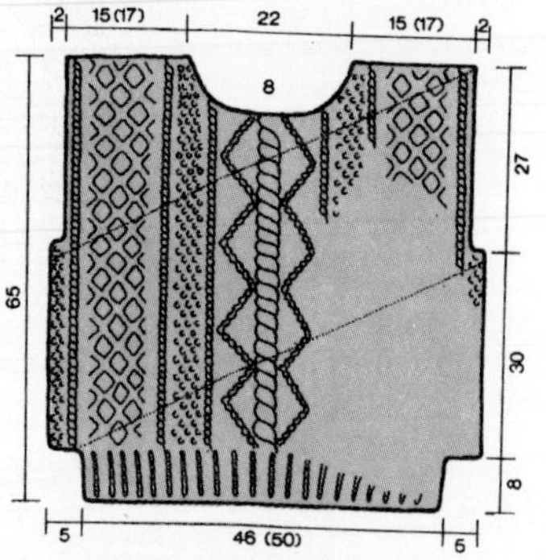

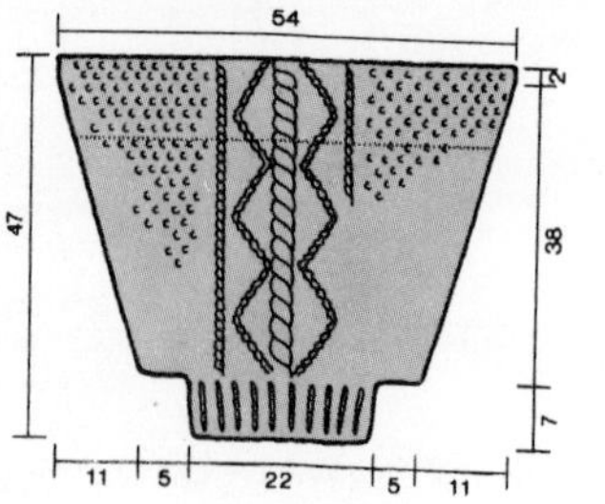

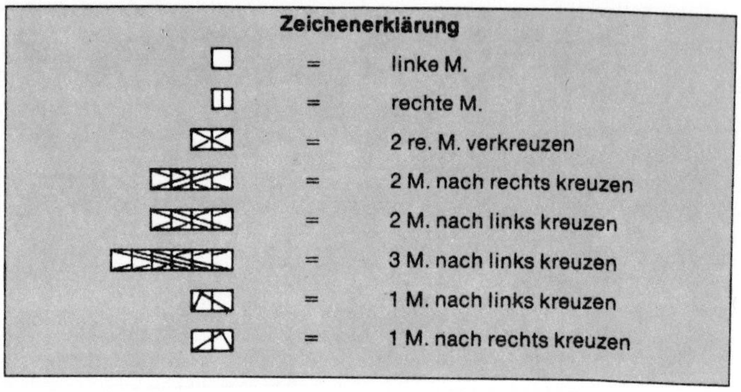

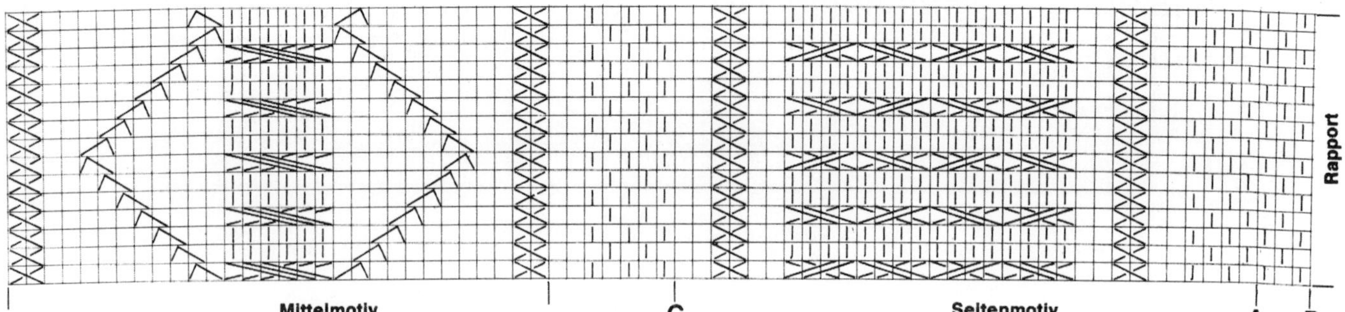

Schemazeichnung für das Grundmuster

Strickrelief

Immer wieder aktuell und beliebt sind irische Muster, weil sie sowohl klassisch schön sind als auch besonders lebhaft wirken. Dieser Rollkragenpulli aus weichem Dochtgarn mit pastellfarbenen Tweednoppen ist ein besonders hübscher Beweis dafür.

Patchwork-Pullover

Größe: 38 bis 42.

Material: 250 g grüne (Nr. 534), 200 g hellgraue (Nr. 515) und 350 g blaugraue (Nr. 520) Wolle von Welcomme, Qualität „Le Shetland et Alpaga Nr. 5" (90% reine Schurwolle, 10% Alpaka, Lauflänge: ca. 70 m/50 g). INOX-Stricknadeln Nr. 4½ und 5½.

Grundmuster I: Siehe Schemazeichnung. Es sind die Hinr. und Rückr. gezeichnet.
Obenauf rechte M.: In der Hinr. die M. rechts str. und in der Rückr. links stricken.
Obenauf linke M.: In der Hinr. die M. links str. und in der Rückr. rechts stricken.
2 rechte M.: 1 M. rechts str. und 1 rechte M. verschränkt aus dem Querfaden zunehmen.
2 linke M.: 1 M. links str. und 1 linke M. verschränkt aus dem Querfaden zunehmen.
2 M. verkreuzen: 1 M. auf 1 Hilfsnadel vor die Arbeit nehmen, 1 M. rechts str., dann die M. der Hilfsnadel rechts str.

Grundmuster II: M.-Zahl teilbar durch 8 und 3 plus 2 Randm.
1. R.: Randm., 3 M. links, * aus der folgenden M. 3 M. herausstr., dabei abwechselnd von vorn und von hinten in die M. einstechen, 3 M. links, 1 M. rechts, 3 M. links, ab * wiederholen, Randm.
2. und 4. R.: Randm., * 3 M. rechts, 1 M. links, 3 M. rechts, 3 M. rechts, dabei für jede M. den Faden 2mal um die Nadel schlingen, ab * wiederholen, 3 M. rechts, Randm.
3. und 5. R.: Randm., 3 M. links, * 3 M. rechts, dabei jeweils den zusätzlichen Umschlag der Vorr. fallen lassen, 3 M. links, 1 M. rechts, 3 M. links, ab * wiederholen, Randm.
6. R.: Randm., * 3 M. rechts, 1 M. links, 3 M. rechts, 3 M. links zusammenstr., ab * wiederholen, 3 M. rechts, Randm.
7. R.: Randm., 3 M. links, * 1 M. rechts, 3 M. links, aus der folgenden M. 3 M. herausstr., dabei abwechselnd von vorn und hinten in die M. einstechen, 3 M. links, ab * wiederholen, Randm.
8. und 10. R.: Randm., * 3 M. rechts, 3 M. rechts, dabei für jede M. den Faden 2mal um die Nadel schlingen, 3 M. rechts, 1 M. links, ab * wiederholen, 3 M. rechts, Randm.
9. und 11. R.: Randm., 3 M. links, * 1 M. rechts, 3 M. links, 3 M. rechts, dabei bei jeder M. den zusätzlichen Umschlag der Vorr. fallen lassen, 3 M. links, ab * wiederholen, Randm.
12. R.: Randm., * 3 M. rechts, 3 M. links zusammenstr., 3 M. rechts, 1 M. links, ab * wiederholen, 3 M. rechts, Randm.
Die 1. bis 12. R. fortlaufend wiederholen.

Grundmuster III: M.-Zahl teilbar durch 18 und 10 plus 2 Randm.
1. R.: Randm., 10 M. links, * 2 M. kreuzen (= 1 M. auf 1 Hilfsnadel vor die Arbeit nehmen, 1 M. rechts str., dann die M. der Hilfsnadel rechts str.), 1 M. links, 2 M. kreuzen, 1 M. links, 2 M. kreuzen, 10 M. links, ab * wiederholen, Randm.
2. R.: Die M. str., wie sie erscheinen.
3. bis 10. R.: Wie die 1. und 2. R. str.
11. R.: Randm., 1 M. links, 2 M. kreuzen, 1 M. links, 2 M. kreuzen, 1 M. links, 2 M. kreuzen, * 10 M. links, 2 M. kreuzen, 1 M. links, 2 M. kreuzen, 1 M. links, 2 M. kreuzen, ab * wiederholen, 1 M. links, Randm.
12. R.: Die M. str., wie sie erscheinen.
13. bis 20. R.: Wie die 11. und 12. R. str.
Die 1. bis 20. R. fortlaufend wiederholen.

Maschenprobe I: 16 M. und 22 R. = 10 cm im Quadrat.
Maschenprobe II: 15 M. und 22 R. = 10 cm im Quadrat.
Maschenprobe III: 19 M. und 22 R. = 10 cm im Quadrat.

Bündchenmuster: 1 M. rechts, 1 M. links im Wechsel str.

Vorder- und Rückenteil: Alle Teile werden für sich gestr. und anschließend zusammengenäht.
Für das untere linke Vorder- und Rückenteil 97 M. in Hellgrau anschlagen und 3 cm im Bündchenmuster, dann im Grundmuster I gerade hochstr.
In 28 cm Höhe alle M. locker abk.
Für das untere rechte Vorder- und Rückenteil 69 M. in Grün anschlagen und 3 cm im Bündchenmuster, dann im Grundmuster II gerade hochstr.
In 28 cm Höhe alle M. locker abk.
Für das obere linke Vorderteil 29 M. in Grün anschlagen und 28 cm im Grundmuster II gerade hochstr. Dann alle M. locker abketten.
Das obere rechte Rückenteil ebenso str.
Für das obere rechte Vorderteil 66 M. in Blaugrau anschlagen und 28 cm im Grundmuster III gerade hochstr. Dann die M. locker abk.
Das obere linke Rückenteil ebenso stricken.
Alle Teile nach dem Schnitt spannen und leicht dämpfen.
Nun die beiden unteren Teile zum Schlauch zusammennähen, das Bündchen ist unten.
Den Schlauch so hinlegen, daß die Nähte genau aufeinander liegen und jeweils 1 Muster zur Hälfte nach vorn und zur Hälfte nach hinten kommt. Beide Seiten mit 1 Faden markieren.
Die 2 oberen Vorderteile zusammennähen, ebenso die 2 oberen Rückenteile und anschließend von Markierung zu Markierung an das Unterteil nähen.
Die Schulternähte noch über jeweils 14 cm schließen.
Am Halsausschnitt die Kante in der Mitte 2 cm nach innen umkippen, zu den Schultern hin auslaufen lassen und annähen.

Rechter Ärmel: Für das untere Ärmelteil 60 M. in Blaugrau anschlagen und 3 cm im Bündchenmuster str. Weiter im Grundmuster III arbeiten, dabei in der 1. R. verteilt 6 M. zunehmen. Für die Ärmelschrägung beidseitig in jeder 4. R. 13mal 1 M. zunehmen = 92 M.
In 28 cm Höhe alle M. locker abk.
Für das obere Ärmelteil 77 M. in Hellgrau anschlagen und im Grundmuster I str. Dabei beidseitig in jeder 5. R. 7mal 1 M. zun. = 91 M.
In 17 cm Höhe alle M. locker abk.
Nun die Anschlagkante des oberen Teils an die Abkettkante des unteren Teils nähen, dann die Ärmelnaht schließen.

Linker Ärmel: Für das untere Ärmelteil 60 M. in Grün anschlagen und 3 cm im Bündchenmuster str. Weiter im Grundmuster II arbeiten, dabei in der 1. R. verteilt 7 M. abnehmen. Für die Ärmelschrägung beidseitig in jeder 6. R. 5mal 1 M. zunehmen = 63 M.
In 18 cm Höhe alle M. locker abk.
Für das obere Ärmelteil 80 M. in Blaugrau anschlagen und im Grundmuster III arbeiten. Dabei beidseitig in jeder 4. R. 13mal 1 M. zunehmen = 106 M.
In 27 cm Höhe alle M. locker abk.
Den linken Ärmel wie den rechten zusammennähen.

Ausarbeitung: Die Ärmel in die Armausschnitte nähen und alle Nähte von links leicht dämpfen.

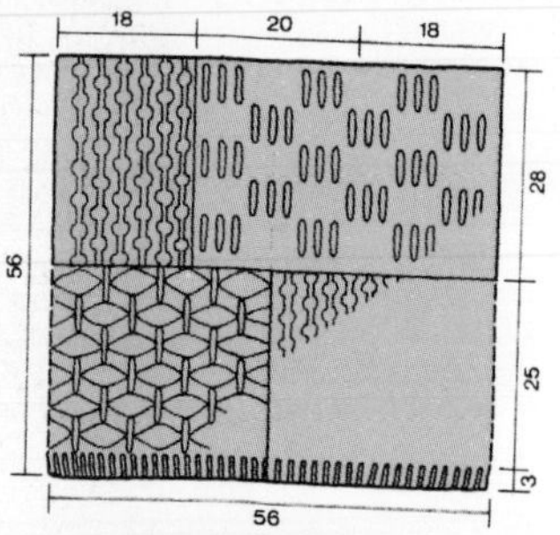

Vorderteil

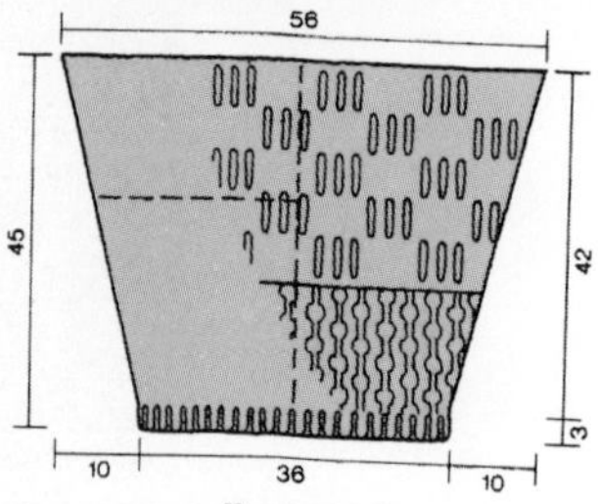

Ärmel

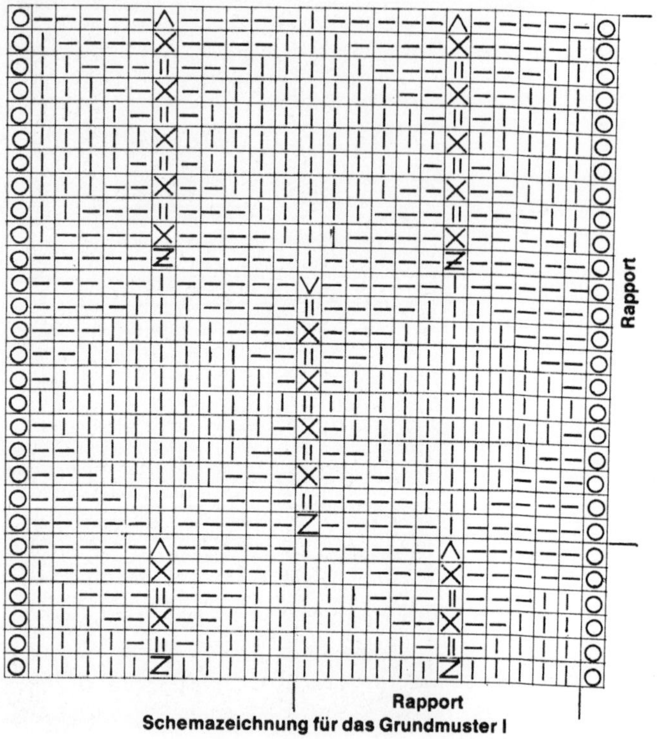

Schemazeichnung für das Grundmuster I

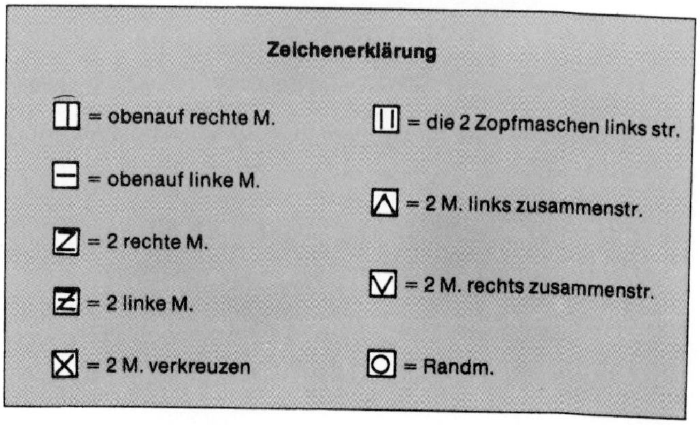

Patchwork ist in

Zartgraue Nebeltöne und viele verschiedene Muster machen den Reiz dieses Shetlandpullis mit dem großen U-Boot-Ausschnitt und den Rippenkanten aus. Er besteht aus vielen zusammengenähten Rechtecken, die jedes für sich eine „kleine" Handarbeit für unterwegs sein könnten. Nadeln Sie, wo immer Sie Zeit finden!

Pullover mit breitem Bündchen

Modell von Enrico Coveri für Filpucci.

Größe: 38 bis 42.

Material: 300 g beigefb. (Nr. 501), 100 g braunes (Nr. 504), je 50 g hellgraues (Nr. 502) und dunkelgraues (Nr. 503) Garn, Qualität „Rustichello" (44% Wolle, 34% Mohair, 17% Acryl, 5% Polyamid; Lauflänge: ca. 95 m/50 g), und 40 g graublaues (Nr. 11) Bändchengarn, Qualität „Nastro" (100% Acryl; Lauflänge: ca. 470 m/100 g). Alle Garne von Filpucci über Woll-Service.

Oder:

350 g naturfb. (Nr. 5051) und 50 g graue (Nr. 5055) Wolle, Qualität „Selva" (60% Wolle, 40% Alpaka; Lauflänge: ca. 100 m/50 g), 40 g naturfb. (Nr. 2002), 40 g graues (Nr. 2003) und 20 g braunes (Nr. 2006) Garn, Qualität „Fortunella" (65% Mohair, 30% Acryl, 5% Wolle; Lauflänge: ca. 105 m/20 g), 100 g blaugrünes (Nr. 234) Baumwollband, Qualität „Spighetta" (100% Baumwolle; Lauflänge: ca. 160 m/100 g), und 1 Rolle schwarzes (Nr. 70) Garn, Qualität „Spark" (67% Polyester, 33% Polyamid; Lauflänge: ca. 470 m/100 g). Alle Garne von Filpucci über Woll-Service. INOX-Stricknadeln Nr. 5½ und 6, 1 Häkelnadel Nr. 5.

Grundmuster I: Glatt rechts (Hinr. rechte M., Rückr. linke M.).

Einstrickmuster: S. Schemazeichnung. 1 Kästchen = 1 M. und 1 R.

Maschenprobe I: 13 M. und 18 R. = 10 cm im Quadrat.

Grundmuster II: Glatt links = (Hinr. linke M., Rückr. rechte M.).

Bündchenmuster: 2 M. re., 2 M. li. im Wechsel.

Farbaufteilung: Es wird mit mehreren Fäden gestrickt, daher empfiehlt es sich, vor Beginn Knäuel in den entsprechenden Farbzusammenstellungen zu wickeln.

Grundfarbe = 1 Faden beigefb. „Rustichello"
oder 1 F. naturfb. „Selva" und 1 F. schwarzes „Spark".
Farbe 1 = 1 F. braunes „Rustichello" oder 1 F. naturfb., 1 F. graues und 1 F. braunes „Fortunella".
Farbe 2 = 1 F. hellgraues „Rustichello"
oder 1 F. graues „Selva" und 1 F. naturfb. „Fortunella".
Farbe 3 = 1 F. dunkelgraues „Rustichello"
oder 1 F. graues „Selva" und 1 F. graues „Fortunella".
Farbe 4 = 2 F. graublaues „Nastro" oder 1 F. blaugrünes „Spighetta".

Rückenteil: 74 M. mit Nadeln Nr. 5½ in der Grundfarbe anschl. und 19 cm im Bündchenmuster str.
Danach weiter mit Nadeln Nr. 6 im Grundmuster I gerade hochstr.
In 68 cm Höhe für den Halsausschnitt die mittleren 16 M. gerade, beidseitig davon in jeder 2. R. 2mal 2 und 2mal 1 M. abk.
In 74 cm Höhe die restl. M. abk.

Vorderteil: Wie das Rückenteil beginnen. Nach dem Bündchen mit Nadeln Nr. 6 im Grundmuster I nach der Schemazeichnung weiterarbeiten.

Ärmel: 32 M. mit Nadeln Nr. 5½ in der Grundfarbe anschl. und 7 cm im Bündchenmuster str.
Weiter mit Nadeln Nr. 6 im Grundmuster II str., dabei in der ersten R. verteilt 4 M. zun. = 36 M.
Streifenfolge je 5 cm: Farbe 1, Farbe 4, Farbe 3, Farbe 2, Grundfarbe, Farbe 1 und Farbe 4.
Gleichzeitig nach dem Bündchen für die Ärmelschrägung beidseitig in jeder 4. R. 2mal 1 M. und in jeder 2. R. 26mal 1 M. zun. = 92 M.
In 42 cm Höhe alle M. gerade abk.
Den 2. Ärmel ebenso str.

Ausarbeitung: Die Teile nach dem Schnitt spannen und unter feuchten Tüchern trocknen lassen.
Auf das Vorderteil nach dem Foto mit „Nastro" Fäden einknüpfen.
Nähte schließen, Ärmel einsetzen.
Den Halsausschnitt mit 1 R. fester M. und 1 R. Krebsm. (fe. M. von re. nach li.) umhäkeln.

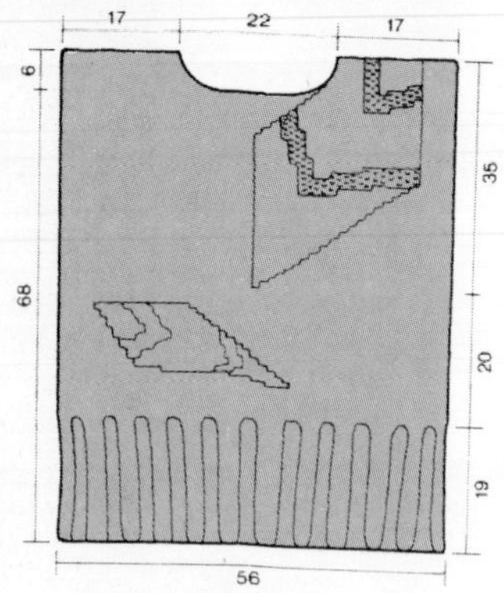

Vorderteil

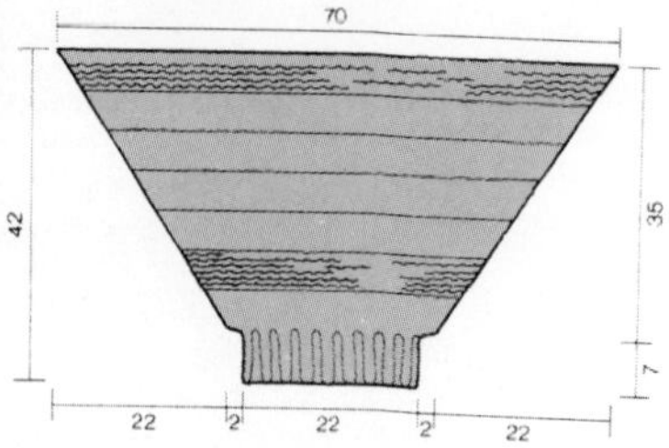

Ärmel

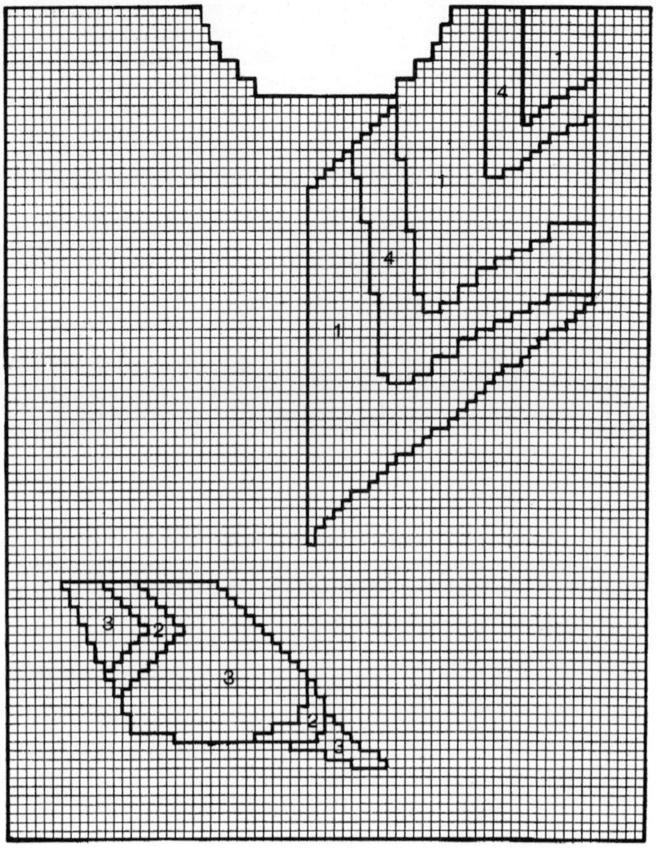

Schemazeichnung

Großzügige grafische Flächen

Flauschiges Mohairgarn und seidige Bändchen ergeben hier ein kontrastreiches Miteinander. Wer mag, kann sich zusätzlich Fransen einknüpfen. Das unifarbene Rückenteil und auch das Vorderteil werden glatt rechts, die Ärmel links gestrickt. So wirken das farbige Muster und die Struktur als belebendes Element.

Pulli mit grafischen Mustern

Größe: 36/38 und 40/42.
Die Angaben für Größe 40/42 stehen in Klammern, sofern sie von Größe 36/38 abweichen.

Material: Je 200 g rostmeliertes (Nr. 7939), graumeliertes (Nr. 7943) und je 100 g pinkfb. (Nr. 7944) und petrolfb. (Nr. 7941) Mohairgarn von Schewe, Qualität „Lewade" (63% Wolle, 34% Mohair, 3% Polyester; Lauflänge: ca. 75 m/50 g). INOX-Stricknadeln Nr. 4½ und 5½, 1 kurze Rundstricknadel Nr. 5½.

Grundmuster: Glatt rechts (Hinr. rechte M., Rückr. linke M.).

Einstrickmuster: Siehe Schemazeichnung. 1 Kästchen = 1 M. und 1 R. Die gestrichelten inneren Linien gelten für Größe 36/38, die äußeren für Größe 40/42.

Maschenprobe: 12,5 M. und 18 R. = 10 cm im Quadrat.

Vorderteil: 27 (29) M. in Rostmeliert und 34 (36) M. in Grau mit Nadeln Nr. 4½ anschl. und 6 R. kraus re. (Hinr. re. M., Rückr. re. M.) str., dabei beim Farbwechsel die Fäden miteinander verkreuzen (siehe Seite 24) und fest anziehen.
Dann mit Nadeln Nr. 5½ nach der Schemazeichnung weiterarbeiten und für jede Farbfläche ein separates Knäuel verwenden.

Rückenteil: Das Teil wird in den Farbflächen gegengleich zum Vorderteil gestr., allerdings ohne Halsausschnitt.

Ärmel: 42 (46) M. mit Nadeln Nr. 4½ in Rostmeliert anschl. und 6 R. kraus re. (Hinr. re. M., Rückr. re. M.) stricken.
Danach weiter mit Nadeln Nr. 5½ und nach der Schemazeichnung arbeiten.
In 40 cm Höhe alle M. gerade abk.
Den 2. Ärmel ebenso str.

Ausarbeitung: Alle Teile nach dem Schnitt spannen und unter feuchten Tüchern trocknen lassen.
Alle Nähte schließen und die Ärmel einsetzen.
Aus dem Halsausschnitt mit der kurzen Rundstricknadel ca. 58 M. aufnehmen und 6 cm kraus re. anstr. Die M. locker abk.

Separater Rollkragen:

Material: 50 g Mohairgarn, Qualität „Lewade" von Schewe, in der gewünschten Farbe. Kurze Rundstricknadel Nr. 5½.

Grundmuster: Glatt rechts (in Runden nur rechte M. str.).

Anleitung: 60 M. mit der Rundstricknadel anschl. und ca. 21 cm in Runden im Grundmuster str.
Dann die M. locker abk.

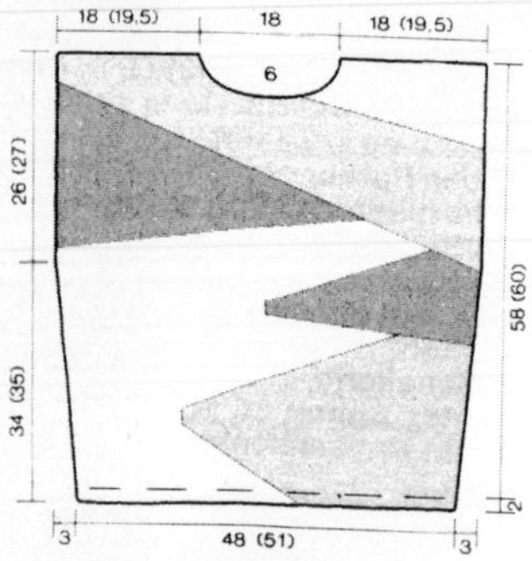

Vorderteil

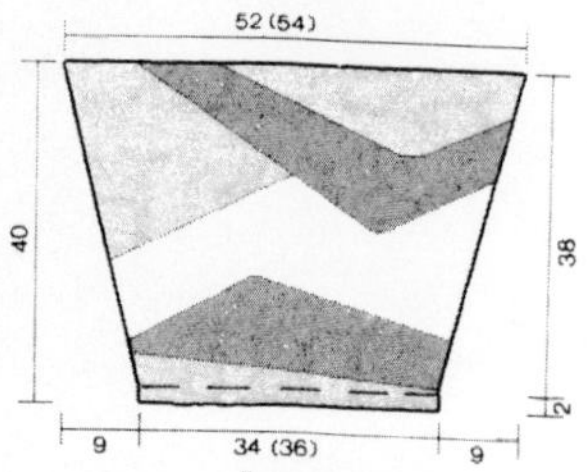

Ärmel

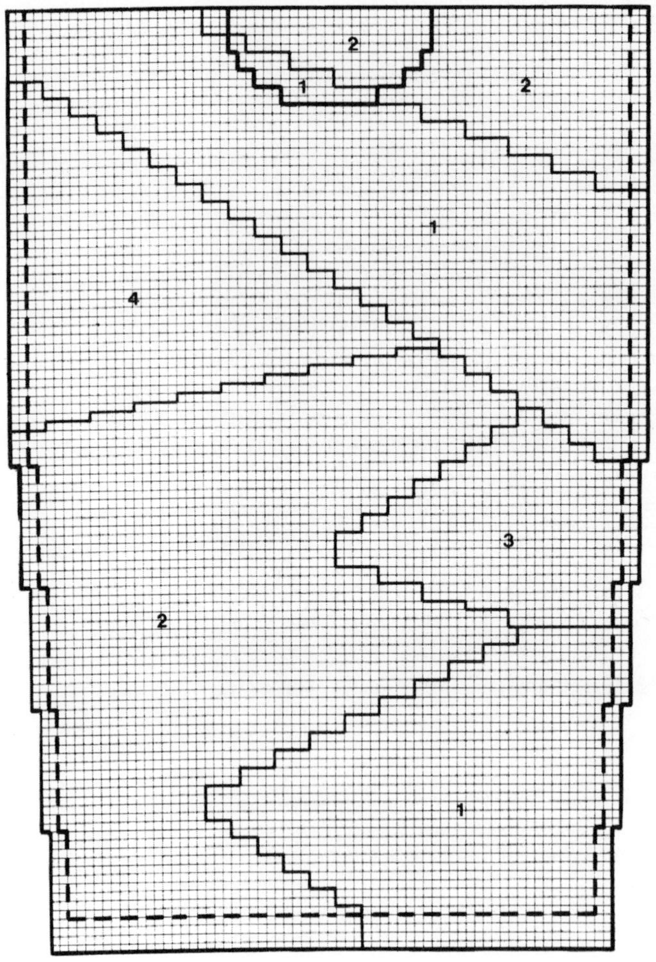

Schemazeichnung für das Vorder- und Rückenteil

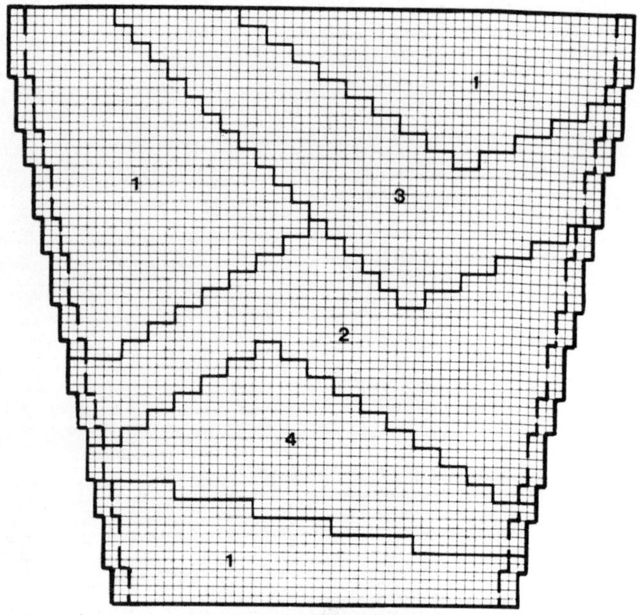

Schemazeichnung für die Ärmel

Kragen im Kragen

Bei diesem kuschelig weichen Mohairpullover faszinieren nicht nur die leuchtenden Farben, die in dekorativen, großen Flächen über den Pulli verteilt sind. Gag und Tüpfelchen auf dem „i" ist der noch zusätzlich gestrickte, separate Rollkragen, der locker drapiert für lässigen Chic garantiert.

Pullover mit Flechtmuster

Größe: 38 bis 42.

Material: 850 g khakifb. (Nr. 2) Bändchen von Filpucci, über Wollservice, Qual. „Spighetta Batic" (100 % Baumwolle; Lauflänge ca. 80 m/50 g). INOX-Stricknadeln Nr. 6 und 7, kurze Rundstricknadel Nr. 6.

Grundmuster I: Glatt re. (Hinr. re. M., Rückr. li. M.).

Maschenprobe: 17 M. und 20 R. = 10 cm im Quadrat.

Grundmuster II: Halbpatent: Gerade Maschenzahl.
1. R.: ★ 1 M. re., 1 Umschl., 1 M. li. abh., ab ★ wiederholen.
2. R.: die abgeh. M. der Vorr. mit dem Umschlag re. zus.str., 1 M. li., ab ★ wiederholen.
1. und 2. R. laufend wiederholen.

Maschenprobe II: 17 M. und 24 R. = 10 cm im Quadrat, in der Höhe leicht gedehnt gemessen.

Grundmuster III: Flechtmuster: Maschenzahl durch 9 teilbar plus 2 Randm.
1. R.: Randm., ★ 3 M. re., 3 M. nach li. kreuzen (= 3 M. auf 1 Hilfsnadel vor die Arbeit legen, 3 M. re., dann die M. der Hilfsnadel re. str.), ab ★ wiederholen, Randm.
2. R. und alle folgenden Rückr.: Li. M. str.
3. und 5. R.: Re. M. str.
7. R.: Randm., ★ 3 M. nach re. kreuzen (= 3 M. auf 1 Hilfsnadel hinter die Arbeit legen, 3 M. re., dann die M. der Hilfsnadel re. str.), 3 M. re., ab ★ wiederholen, Randm.
9. und 11. R.: Re. M. str.
Die 1. bis 12. R. fortlaufend wiederholen.

Maschenprobe III: 19 M. und 22 R. = 10 cm im Quadrat.

Rückenteil: 90 M. mit Nadeln Nr. 6 anschl. und 5 cm im Grundmuster I str., dabei in der letzten R. gleichmäßig verteilt 11 M. zun. = 101 M.
Danach weiter mit Nadeln Nr. 7 im Grundmuster III str.
Gleichzeitig für die seitliche Schrägung beidseitig in jeder 12. R. 5mal 1 M. zun. = 111 M.
In 60 cm Höhe alle M. gerade abk.

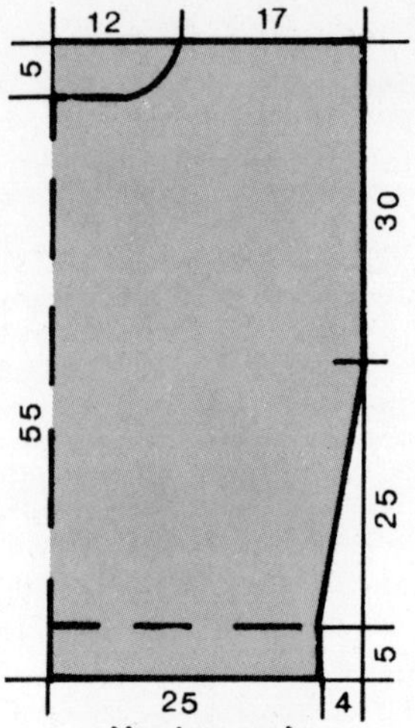

Vorder- und Rückenteil-Hälfte

Vorderteil: 90 M. mit Nadeln Nr. 6 anschl. und 5 cm im Grundmuster I str., dabei in der letzten R. gleichmäßig verteilt 11 M. zun. = 101 M.
Danach weiter mit Nadeln Nr. 7 im Grundmuster III str.
Gleichzeitig für die seitliche Schrägung beidseitig in jeder 12. R. 5mal 1 M. zun. = 111 M.
Für den Halsausschnitt in 55 cm Höhe die mittleren 29 M., beidseitig davon in jeder 2. R. 1mal 3, 2mal 2 und 1mal 1 M. abk.
Die verbleibenden Schulterm. gerade abk.

Ärmel: 60 M. mit Nadeln Nr. 6 anschl. und 5 cm im Grundmuster I str. Weiter mit Nadeln Nr. 7 im Grundmuster II str. Für die Ärmelschrägung beidseitig in jeder 4. R. 18mal 1 M., danach in jeder 2. R. 3mal 1 M. zun. = 102 M.

In 38 cm Höhe alle M. gerade abk.
Den 2. Ärmel genauso str.

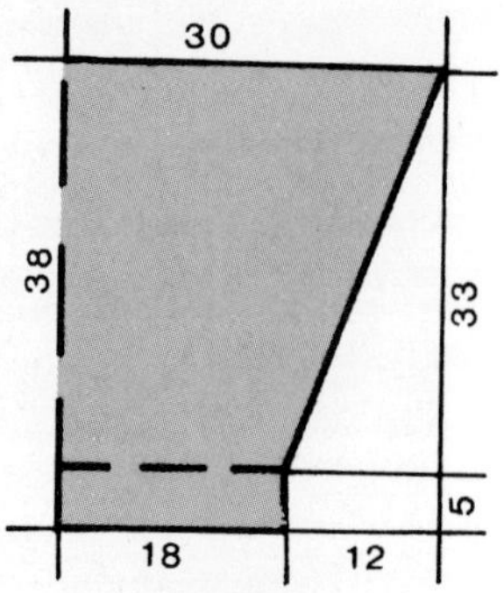

Ärmel-Hälfte

Ausarbeitung: Die Teile nach dem Schnitt spannen und unter feuchten Tüchern trocknen lassen.
Alle Nähte schließen und die Ärmel einsetzen.
Aus dem Halsausschnitt mit der kurzen Rundstricknadel ca. 70 M. aufnehmen und 6 cm in Runden (nur re. M.) str.

Batik-Bändchen

Hier ist das effektvolle und edle Material echter Konkurrent des aufwendigen Musters geworden. Die Baumwollbändchen glänzen seidig und sind in Batik-Technik unregelmäßig eingefärbt. Wenn dann noch Vorder- und Rückenteil im hübschen Flechtmuster, die Ärmel im Halbpatent gestrickt werden, ist das Ergebnis zauberhaft. Ein Pulli, der Aufsehen erregt.

Pullover mit Rippen

Größe: 40/42.

Material: 800 g blaues (Nr. 51) Garn von Esslinger, Qual. „Geisha". Perl-INOX-Stricknadeln Nr. 3 und 3½. Kurze Rundstricknadel Nr. 3.

Grundmuster: M.-Anschl. teilbar durch 3. **1. + 2. R.:** glatt re. (Hinr. re. M., Rückr. li. M.) **3., 5., 7. + 9. R.:** 3 M. re., 3 M. li. **4., 6., 8. R.:** M. str. wie sie erscheinen. **10. R.:** li. str. **11. R.:** re. str. **12.–18. R.:** 3 M. re., 3 M. li. im Wechsel. 1.–18. R. fortl. wiederh.

Maschenprobe: 26 M. und 32 R. = 10 cm.

Bündchenmuster: 1 M. re., 1 M. li. im Wechsel.

Anleitung: Der Pullover wird in einem Stück gestr. und am **Rückenteil** begonnen. 124 M. mit Nadeln Nr. 3 anschl. und 6 cm im Bündchenmuster str. Dann mit Nadeln Nr. 3½ im Grundmuster weiterstr., dabei in der 1. R. 26 M. gleichmäßig verteilt zun. (= 150 M.) Beids. für die Armschrägung 25 x in jeder 3. R. 1 M. zun., dann 26 x in jeder 2. R. 1 M. zun. und in jeder 2. R. 1 x 2 und 10 x 5 M. zun. (= 356 M.)
In 58 cm Höhe die mittl. 62 M. stillegen, das Rückenteil ist beendet. Nun das Vorderteil gegengl. str., dabei erst mit einer Hälfte der M. weiterstr. und für den vord. Ausschnitt 31 x in jeder 2. R. 1 M. zun. Alle M. stillegen. Die 2. Hälfte bis zu dieser Höhe str., dann mit allen M. weiterstr. und die Zun. gegengl. als Abnahmen str.

Ausarbeitung: Aus dem vord. V-Ausschnitt M. mit der Rundstricknadel Nr. 3 aufn. und 2 cm glatt re. anstr., dabei in der vord. Mitte die mittl. 3 M. in jeder R. verschr. zus. str. Für den Einsatz 3 M. anschl. und im Bündchenmuster str., dabei beids. 30 x in jeder 2. R. 1 M. zun. (= 63 M.) In 17 cm vord. Höhe alle M. stillegen. Das Teil einnähen. Die M. vom Rückenteil dazun. und in Rd. 6 cm im Bündchenmuster anstr.
Aus den Ärmelkanten M. aufn. und mit Nadeln Nr. 3 im Bündchenmuster 6 cm anstr.
Das Teil spannen, alle Nähte schließen.

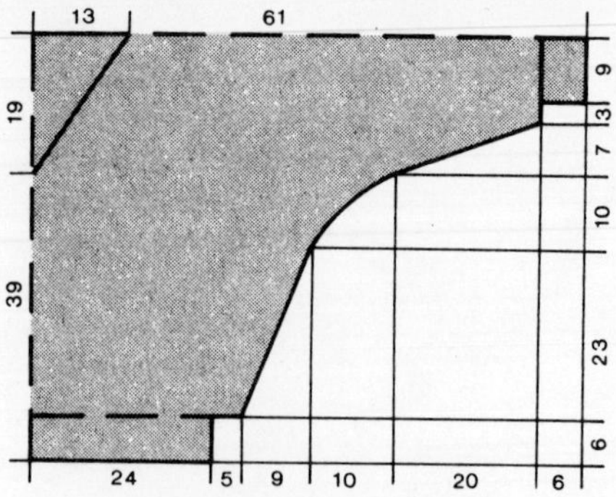

Pullover-Hälfte

Roter Fledermauspullover

Größe: 40.

Material: 500 g rotes Mohairgarn (Nr. 3771) von Scheepjes, Qual. „Mohair". Perl-INOX-Stricknadeln Nr. 4 und 5. Kurze Rundstricknadel Nr. 4.

Grundmuster: Glatt li. (Hinr. li. M., Rückr. re. M.).

Zopf: über 9 M.
1. R.: re. str.
2. R. und alle folg. Rückr.: li. str.
3. R.: 3 M. auf 1 Hilfsnadel hinter die Arbeit legen, 3 M. re. str. Nun die M. der Hilfsnadel re. str., 3 M. re.

4.–6. R.: M. str., wie sie erscheinen.
7. R.: 3 M. re., 3 M. auf 1 Hilfsnadel vor die Arbeit nehmen, die folg. 3 M. re. str. und die M. der Hilfsnadel re. str.
8.–10. R.: M. str., wie sie erscheinen.
3.–10. R. fortl. weiterstr.

2 Maschen kreuzen:
1. R.: die 2. M. vor der 1. M. str., dann die 1. M. str. und beide M. von der Nadel gleiten lassen.
2. R.: li. str.
1. und 2. R. fortl. weiterstr.

Maschenprobe: 15 M. und 23 R. = 10 cm.

Bündchenmuster: 1 M. re., 1 M. li. im Wechsel.

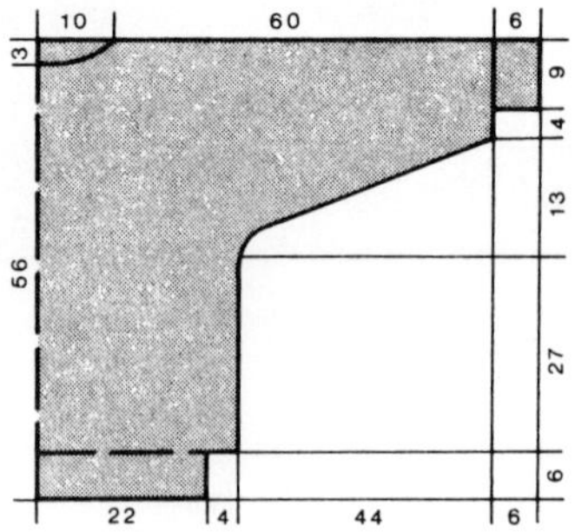

Pullover-Hälfte

Rückenteil: 66 M. mit Nadel Nr. 4 anschl. und 6 cm im Bündchenmuster str. Dann mit Nadeln Nr. 5 im Grundmuster weiterstr., dabei in der 1. R. 12 M. gleichmäßig verteilt zun. (= 78 M.).
In 33 cm Höhe beids. für die Ärmel in jeder 2. R. 2 x 1, 1 x 3, 2 x 4 und 10 x 5 M. zun. (= 204 M.). In 59 cm Höhe alle M. gerade abk.

Vorderteil: Wie das Rückenteil str., jedoch in 56 cm Höhe für den Halsausschnitt die mittl. 20 M. gerade und beids. in jeder 2. R. 2 x 2 und 1 x 1 M. abk. In 59 cm Höhe alle M. gerade abk.

Zopfstreifen: 19 M. mit Nadeln Nr. 5 anschl. und wie folgt str.: 1 M. li., 2 M. kreuzen, 2 M. li., 9 M. für den Zopf, 2 M. li., 2 M. kreuzen, 1 M. li. Gerade hochstr. und in 60 cm Höhe alle M. gerade abk. Den 2. Zopfstreifen gleich str.

Ausarbeitung: Den Zopfstreifen zwischen Vorder- und Rückenteil über die Ärmel und Schulter bis zum Halsausschnitt nähen. Aus der Ärmelkante M. mit Nadeln Nr. 4 aufn. und 6 cm im Bündchenmuster anstr. Alle Nähte schließen. Aus dem Halsausschnitt M. aufn. und im Bündchenmuster in Rd. 22 cm anstr.

▽ Das flauschige Mohairgarn wird wohl immer seine Beliebtheit behalten. In unserem Modell ist es dazu noch besonders apart verarbeitet. Der Zopf auf den Ärmeln ist nämlich separat gestrickt und vor dem Anstricken der Bündchen und des Kragens eingenäht.

△ So hübsche plastische Kästchen entstehen, wenn ein Rippenmuster im Versatz gestrickt wird. Lädt der Pulli mit dem V-förmig eingestrickten Kragenteil nicht geradezu zum Hineinschlüpfen und Wohlfühlen ein?

Olivfarbener Pullover

Größe: 40/42.

Material: 1100 g olivfb. (Nr. 17) Garn von Schoeller, Qual. „Terra Quick". Perl-INOX-Stricknadeln Nr. 5. Kurze Rundstricknadel Nr. 5.

Grundmuster I: Siehe Schemazeichnung.

Grundmuster II: 1 M. re., 1 M. li. im Wechsel.

Maschenprobe I: 20 M. und 22 R. = 10 cm.

Maschenprobe II: 21 M. und 23 R. = 10 cm.

Bündchenmuster: 1 M. re., 1 M. li. im Wechsel.

Rückenteil: 100 M. anschl. und 7 cm im Bündchenmuster str., dann im Grundmuster I nach der Schemazeichnung weiterstr. (= 5 x den Rapport, 4 M. für den Zopf und beids. 4 M. li. str.) Dabei in der 1. R. gleichmäßig verteilt 22 M. zun. (= 122 M.) In 40 cm Höhe für die Armausschnitte beids. 1 x 4 und weiterhin 7 x in jeder 3. R. und 17 x in jeder 2. R. 1 M. abk. Dabei die äußeren 2 M. des Zopfes als Raglan hochlaufen lassen und danach bzw. davor die Abnahmen str. In 62 cm Höhe für den Halsausschnitt die mittl. 44 M. gerade und beids. in jeder 2. R. 1 x 4, 1 x 2 und 2 x 1 M. abk. Die restl. 3 M. gerade abk.

Vorderteil: Wie das Rückenteil str., jedoch in 49 cm Höhe die Arbeit in der Mitte teilen und wieder als Rand je 2 re. M. vom mittl. Zopf als Kante hochlaufen lassen und vor bzw. nach dem Rand abwechselnd 2 x in jeder und 1 x in jeder 2. R. 1 M. abk. Bis 30 M. abgek. sind. Die 2. Hälfte gegengl. str.

Ärmel: 40 M. anschl. und 7 cm im Bündchenmuster str. Dann im Grundmuster I weiterstr. (siehe Beginn „Ärmel"), 1 x den Rapport, 4 M. Zopf und enden wie begonnen, dabei in der 1. R. gleichmäßig verteilt 22 M. zun. (= 62 M.). Für die Ärmelschrägung beids. 9 x in jeder 9. R. 1 M. zun. (= 80 M.) = 5 M. li., 3 x den Rapport, 4 M. Zopf, 5 M. li. str. In 44 cm Höhe beids. für die Ärmelschrägung 1 x 5 und weiterhin abwechselnd 2 x in jeder 2. R. und 1 x in jeder R. 1 M. vor bzw. nach den 2 re. M. (wie beim Vorder- und Rückenteil) abk., bis beids. 32 M. abgek. sind. Die restl. 6 M. in 66 cm Höhe gerade abk. Den 2. Ärmel gleich str.

Passe: 3 M. anschl. und im Grundmuster II str., dabei beids. abwechselnd 2 x in jeder R. und 1 x in der 2. R. 1 M. zun., bis beids. 60 M. (= je Seite 30 M.) zugen. sind (= 63 M.) In 17 cm Höhe, in der Mitte gemessen, 1 x 76 M. neu dazu anschl. und mit der Rundstricknadel in Rd. noch 6 cm str., dann alle M. im M.-Rhythmus abk.

Ausarbeitung: Teile nach dem Schnitt spannen und unter feuchten Tüchern trocknen lassen. Alle Nähte schließen. Die Passe einnähen.

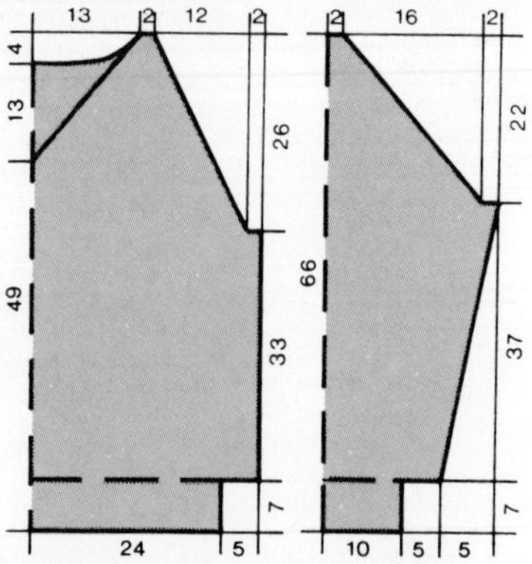

Vorder- und Rückenteil-Hälfte **Ärmel-Hälfte**

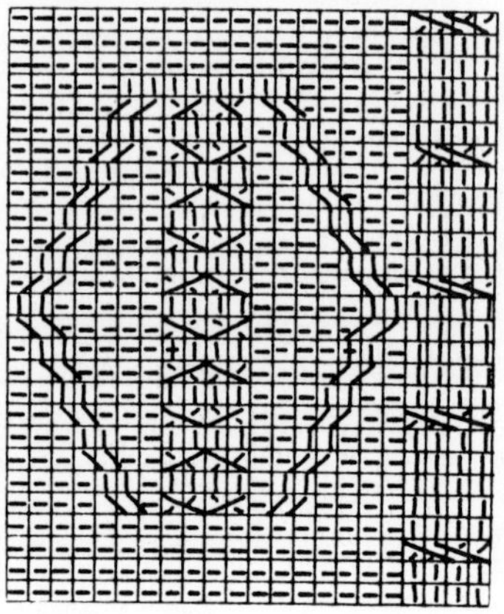

 = **re. M.**

 = **li. M.**

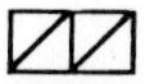 = **2 M. nach re. kreuzen**

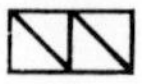 = **2 M. nach li. kreuzen**

 = **Zopf (2 M. auf 1 Hilfsnadel vor die Arbeit nehmen, 2 M. str., dann die M. der Hilfsnadel str.)**

 = **1 M. nach re. kreuzen**

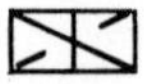 = **1 M. nach li. kreuzen**

Mollig warm und sehr bequem

Extra weit ist dieser Pullover geschnitten. So recht für alle, die es gerne superbequem haben. Das ausdrucksvolle Muster sorgt für üppiges Volumen. Sehr vorteilhaft und streckend wirkt auch die schlichte, spitz zulaufende Passe, die separat gestrickt und eingenäht wird. Ein Modell für die ersten kühlen Tage.

Blaues Twinset

Größe: 38/40

Material: 280 g blaues und je 80 g schwarzes (Nr. 02) und lilafb. (Nr. 20) Mohairgarn von Esslinger, Qual. „Kidy" (70% Mohair-Kid, 30% Polyacryl, Lauflänge: ca. 580 m/100 g). INOX-Stricknadeln Nr. 3½ und 4. Kurze Rundstricknadel Nr. 3½.

Pullover

Grundmuster: Glatt re. (Hinr. re. M., Rückr. li. M.).

Maschenprobe: 21 M. und 29 R. = 10 cm im Quadrat.

Bündchenmuster: 1 M. re., 1 M. li. im Wechsel.

Rückenteil: 90 M. mit Nadeln Nr. 3½ in Blau anschl. und 5 cm im Bündchenmuster str. Dabei in der letzten R. gleichmäßig verteilt 11 M. zun. = 101 M.
Weiter mit Nadeln Nr. 4 im Grundmuster arbeiten. Dabei in der 7. bis 10. R. Lochmuster wie folgt einstr.: **7. R.:** Randm., 2 M. re., ★ 5 M. re., 2 M. re. zus.str., 1 Umschlag, 1 M. re., 1 Umschlag, 2 M. re. zus.str., ab ★ wiederholen, enden mit 7 M. re., Randm. **8. R.:** Alle M. und Umschläge li. str. **9. und 10. R.:** Wie 7. und 8. R. str.
Die 4 Loch-R. noch einmal über die 21. bis 24. R. und die 35. bis 38 R. wiederholen.
Anschließend bis zum Ende des Rückenteils verteilt die Löcher über 5 M. einstr.
In 59 cm Höhe alle M. gerade abk.

Vorderteil: Bis auf den Halsausschnitt genau wie das Rückenteil str.
In 53 cm Höhe für den Halsausschnitt die mittl. 9 M. gerade, beids. davon in jeder 2. R. 2mal 2 und 2mal 1 M. abk.
Die verbleibenden Schulterm. in 59 cm Höhe gerade abk.

Ärmel: 71 M. mit Nadeln Nr. 3½ in Blau anschl. und 3 cm im Bündchenmuster str.
Weiter mit Nadeln Nr. 4 im Grundmuster arbeiten und die Loch-R. wie beim Rückenteil einstr. Dabei für die Ärmelschrägung beids. in jeder 6. R. 7mal 1 M. zun. = 85 M.
In 21 cm Höhe alle M. gerade abk.
Den 2. Ärmel ebenso str.

Ausarbeitung: Die Teile nach dem Schnitt spannen und unter feuchten Tüchern trocknen lassen.
Alle Nähte schließen und die Ärmel einnähen.
Aus dem Halsausschnitt mit der Rundstricknadel ca. 100 M. in Blau aufn. und 3 cm im Bündchenmuster anstr.

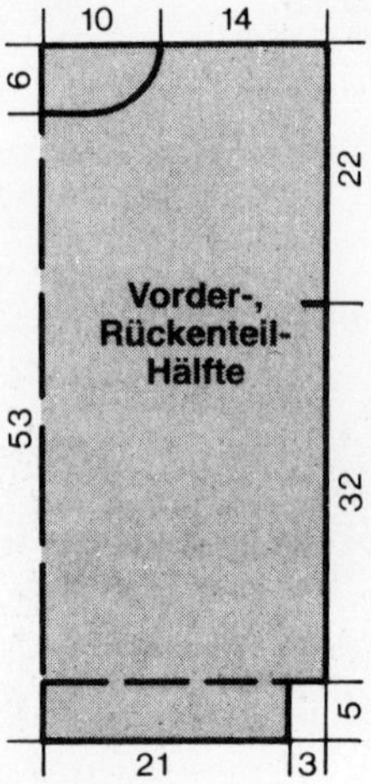

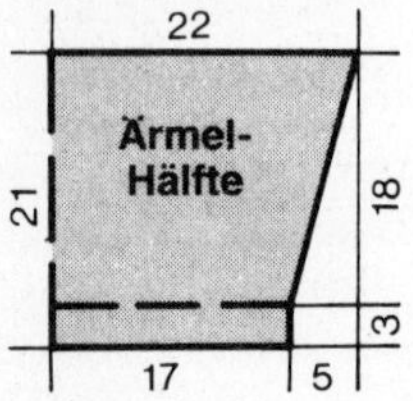

Jacke

Grundmuster: Glatt re. (Hinr. re. M., Rückr. li. M.).

Jacquardmuster: Siehe Schemazeichnung.

Maschenprobe: 27 M. und 25 R. = 10 cm im Quadrat.

Bündchenmuster: 1 M. re., 1 M. li. im Wechsel.

Rückenteil: 112 M. mit Nadeln Nr. 3½ in Blau anschl. und 8 cm im Bündchenmuster str. Dabei in der letzten R. gleichmäßig verteilt 16 M. zun. = 128 M.
Weiter mit Nadeln Nr. 4 im Grundmuster und nach der Schemazeichnung arbeiten. Dabei beids. für die Seitenkante und die Ärmel in jeder 2. R. immer abwechselnd 1 mal 1 und 1 mal 2, insgesamt 57 M. zun. = 242 M. Dann weiter gerade hochstr.
In 60 cm Höhe alle M. gerade abk.

Vorderteil-Hälfte: 61 M. mit Nadeln Nr. 3½ in Blau anschl. und 8 cm im Bündchenmuster str. Dabei in der letzten R. gleichmäßig verteilt 8 M. zun. = 69 M. Weiter mit Nadeln Nr. 4 arbeiten, 64 M. im Grundmuster und nach der Schemazeichnung und 5 M. weiter in Blau im Bündchenmuster (= vord. Kante). Dabei die Seiten und Ärmelzunahmen wie beim Rückenteil str. und an der vord. Kante gerade hochstr.
Zugleich in 35 cm Höhe für die vord. Schrägung abwechselnd in jeder 2. und 4. R., immer vor den 5 Bündchenm., insgesamt 20mal 2 M. zus.str.
In 60 cm Höhe alle M. gerade abk., jedoch mit den 5 Bündchenm. noch 8 cm hochstr., dann diese M. ebenfalls abk.
Die 2. Vorderteil-Hälfte gegengleich str.

Ausarbeitung: Die Teile nach dem Schnitt spannen und unter feuchten Tüchern trocknen lassen.
Die Schulter- und obere Ärmelnähte schließen.
Aus den unteren Ärmelkanten jeweils 60 M. in Blau mit Nadeln Nr. 3½ aufn. und 7 cm im Bündchenmuster anstr.
Die Seiten- und Ärmelnähte schließen.
Die kurze Blendennaht schließen und die Blende in den rückw. Halsausschnitt einnähen.

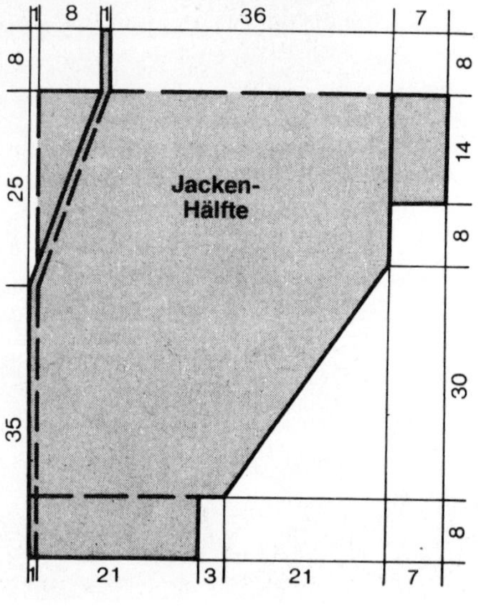

Schemazeichnung für das Jacquardmuster

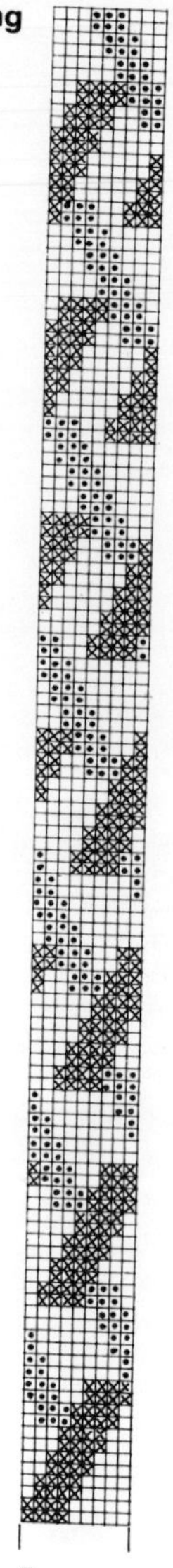

☐ = **Blau**
☒ = **Schwarz**
⊡ = **Lila**

Für die Übergangszeit

Der Pulli ist kurzärmelig, die Jacke mit 3/4 Arm gestrickt. So wirkt dieses Twinset ein wenig extravagant. Das wird durch das dekorative Jackenmuster noch bewußt verstärkt. Das „Drüber" wird in einem Stück nach unserer Zeichnung gestrickt und bekommt betont bauschige Ärmel mit langen, schmalen Bündchen.

Blaue Strickjacke

Größe: 38.

Material: 500 g blaues (Nr. 22) Garn, Qual. „Shetland", und 450 g meliertes (Nr. 10) Garn, Qual. „Tweed", von Staufen. Perl-INOX-Stricknadeln Nr. 6 und 7 5 Knöpfe.

Grundmuster: M.-Anschl. teilbar durch 5 plus 2 Randm. Mit 1 Faden Blau und 1 Faden Meliert: **1. bis 7. R.:** glatt re. (Hinr. re. M., Rückr. li. M.) **8. R.:** 1 Randm. ★ 2 M. li., die folg. M. li. abh., 2 M. li., ab ★ wiederh., 1 Randm. **9. R.:** mit dopp. Faden Blau, re. str., jedoch die abgeh. M. abh., **10. R.:** Blau, re. str., jedoch die abgeh. M. abh. **11.R.:** Blau und Meliert, re. str. **12 bis 18 R.:** wie 8. bis 10. R. 1. bis 18 R. fortl. wiederh.

Maschenprobe: 12½ M. und 20 R. = 10 cm.

Bündchenmuster: 1 M. re., 1 M. li. im Wechsel.

Rückenteil: 62 M. in Blau mit dopp. Faden und Nadeln Nr. 6 anschl. und 7 cm im Bündchenmuster str. Dann im Grundmuster mit Nadeln Nr. 7 weiterstr. Dabei in 37 cm Höhe beids. in jeder 2. R. 1 x 3 und 2 x 1 M. abk. Die restl. M. in 58 cm Höhe gerade abk.

Vorderteil-Hälfte: 32 M. in Blau mit dopp. Faden und Nadeln Nr. 6 anschl. und 7 cm im Bündchenmuster str. Dann im Grundmuster mit Nadeln Nr. 7 weiterstr. Dabei in 30 cm Höhe an der vord. Kante 13 x in jeder 4. R. 1 M. abk. In 37 cm Höhe für den Armausschnitt in jeder 2. R. 1 x 3 und 2 x 1 M. abk. Die restl. M. in 58 cm Höhe gerade abk., die 2. Hälfte gegengl. str.

Ärmel: 26 M. in Blau mit dopp. Faden und Nadeln Nr. 6 anschl. und 7 cm im Bündchenmuster str. Dann im Grundmuster, jedoch mit der 7. R. beginnen, mit Nadeln Nr. 7 weiterstr. und in der 1. R. 10 M. zun. (= 36 M.). Für die Ärmelschrägung beids. 6 x in jeder 11. R. 1 M. zun. (= 48 M.). In 41 cm Höhe für die Armkugel beids. in jeder 2. R. 1 x 3, 9 x 1, 2 x 2, 1 x 3 und die restl. M. gerade abk. Den 2. Ärmel gleich str.

Ausarbeitung: Teile nach dem Schnitt spannen und unter feuchten Tüchern trocknen lassen. Alle Nähte schließen. Aus der gesamten vord. Kante M. in Blau mit dopp. Faden und Nadeln Nr. 6 aufn. und 3 cm im Bündchenmuster anstr. Dabei an der re. Blende nach 1,5 cm 5 Knopflöcher gleichmäßig verteilt über 2 M. einstr. Knöpfe annähen.

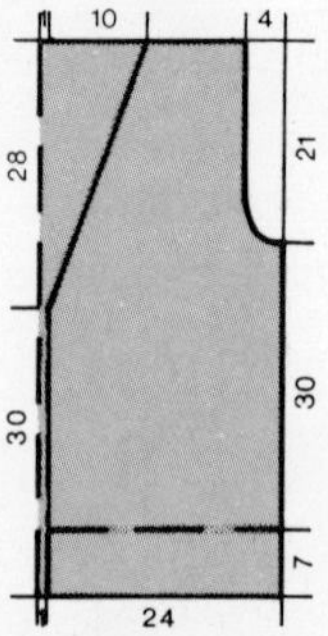

Vorder- und Rückenteil-Hälfte

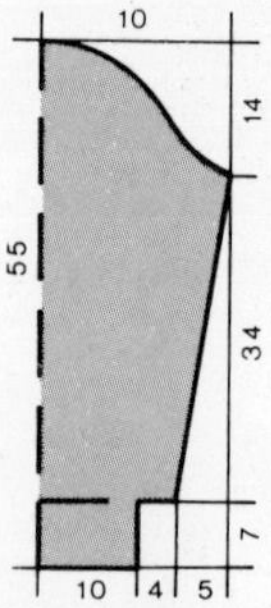

Ärmel-Hälfte

Pullover mit Rhomben

Größe: 36.

Material: 500 g blaues (Nr. 22) und 100 g rotes (Nr. 34) Garn, Qual. „Shetland", und 100 g meliertes (Nr. 10) Garn, Qual. „Tweed", von Staufen. Perl-INOX-Stricknadeln Nr. 3½ und 4, kurze Rundstricknadel Nr. 3½.

Grundmuster: Glatt re. (Hinr. re. M., Rückr. li. M.).

Maschenprobe: 21 M. und 25 R. = 10 cm.

Einstrickmuster: Siehe Schemazeichnung.

Bündchenmuster: 1 M. re., 1 M. li. im Wechsel.

Rückenteil: 100 M. in Blau mit Nadeln Nr. 3½ anschl. und 6 cm im Bündchenmuster str. Dann im Grundmuster mit Nadeln Nr. 4 weiterstr. Dabei in 56 cm Höhe für den Halsausschnitt die mittl. 32 M. gerade und beids. in jeder 2. R. 1 x 3 und 1 x 2 M. abk. Die restl. M. gerade abk.

Vorderteil: Wie das Rückenteil str., jedoch nach 5 R. glatt re. das Einstrickmuster nach der Schemazeichnung einstr. und fortl. wiederh. Dabei in 50 cm Höhe die Arbeit in der Mitte teilen und in jeder 2. R. 1 x 5, 2 x 3, 3 x 2 und 4 x 1 M. abk. Die restl. M. in 58 cm Höhe gerade abk. Die 2. Hälfte gegengl. str.

Ärmel: 54 M. in Blau mit Nadeln Nr. 3½ anschl. und 7 cm im Bündchenmuster str. Dann mit Nadeln Nr. 4 im Grundmuster weiterstr., dabei in der 1. R. 8 M. gleichmäßig verteilt zun. (= 62 M.). Für die Ärmelschrägung beids. 10 x in jeder 6. R. 1 M. zun. (= 82 M.). In 34 cm Höhe alle M. gerade abk. 2. Ärmel gleich str.

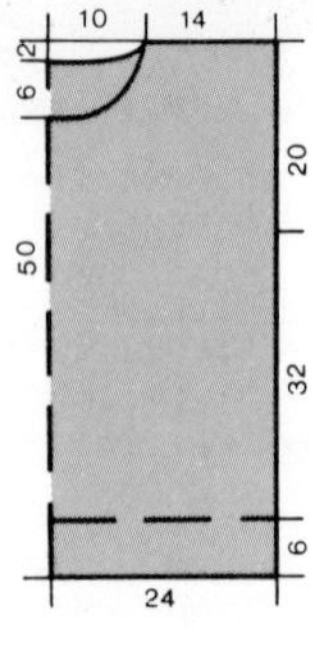

Vorder- und Rückenteil-Hälfte

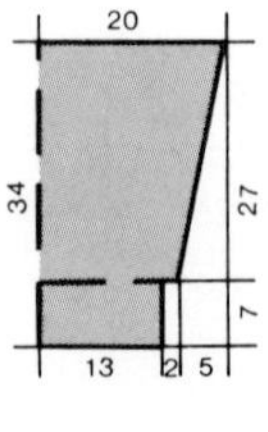

Ärmel-Hälfte

Ausarbeitung: Teile nach dem Schnitt spannen, unter feuchten Tüchern trocknen lassen und alle Nähte schließen. Aus dem Halsausschnitt M. in Blau aufn. und 4 cm im Bündchenmuster anstr.

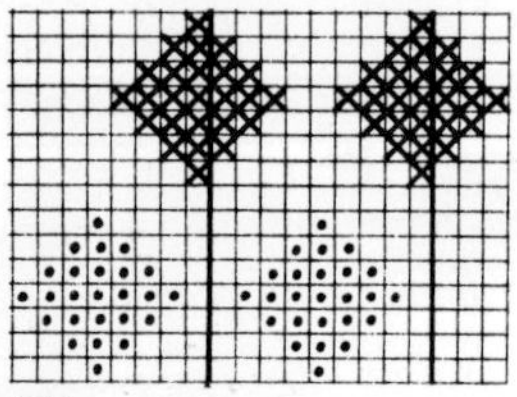

⊠ = **Meliert**

⊡ = **Rot**

Strukturmuster – ganz obenauf

Jacke und Pulli in klassischem Mustermix: Es werden Dreiecke und Karostreifen eingestrickt. Die kurze Form des Twinsets paßt gut zu winterlichen Röcken, zu Hosen und ist überhaupt ein echtes Kombi-Stück.

Pullover

Größe: 40.

Material: 300 g türkisfb. (Nr. 13), je 50 g rotes (Nr. 17), dunkelblaues (Nr. 16), hellblaues (Nr. 15), beigefb. (Nr. 11), khakifb. (Nr. 12) und grünes (Nr. 14) Garn von Hübner, Qual. „Lurex“. Perl-INOX-Stricknadeln Nr. 2½ und 3.

Grundmuster: Glatt re. (Hinr. re. M., Rückr. li. M.)

Maschenprobe: 27 M. und 36 R. = 10 cm.

Bündchenmuster: 1 M. re., 1 M. li. im Wechsel.

Einstrickmuster: Siehe Schemazeichnung.

Farbfolge: Nach dem Bündchen: ★ Hellblau-Türkis, Khaki-Türkis, Beige-Türkis, 12 R. in Türkis, dann Rot-Türkis, Dunkelblau-Türkis, Grün-Türkis, 12 R. Türkis, ab ★ wiederh.

Rückenteil: 100 M. in Türkis mit Nadeln Nr. 2½ anschl. und 6 cm im Bündchenmuster str., dann im Grundmuster mit Nadeln Nr. 3, nach der Schemazeichnung str. und in der 1. R. 30 M. verteilt zun. (= 130 M.). Gerade hochstr. und in 49 cm Höhe für die Armausschnitte in jeder 2. R. 1 x 5, 1 x 4, 1 x 3, 1 x 2 und 1 x 1 M. abk. In 68 cm Höhe für den Halsausschnitt die mittl. 40 M. abk., die Schultern getrennt beenden, dafür noch 1 x 5 M. für den Halsausschnitt abk. Für die Schulterschrägung gleichzeitig in 67 cm Höhe in jeder 2. R. 1 x 7 und 3 x 6 M. abk.

Vorderteil: Bis in 62 cm Höhe wie das Rückenteil str. Dann für den Halsausschnitt die mittl. 10 M. abk. und beids. in jeder 2. R. 2x 5 und 5x 1 M. abk. Schulterschrägung ebenfalls wie beim Rückenteil str.

Ärmel: 66 M. mit Nadel Nr. 2½ anschl. und 6 cm im Bündchenmuster str., dann im Grundmuster mit Nadel Nr. 3 weiterstr. und in der 1. R. verteilt 14 M. zun. (= 80 M.). Für die Ärmelschrägung beids. 11 x in jeder 10. R. 1 M. zun. (= 102 M.). In 34 cm Höhe die Armkugel beginnen und beids. in jeder 2. R. 1 x 5, 1 x 4, 1 x 3, 1 x 2, 22 x 1, 2 x 3, 2 x 2 und die restl. M. gerade abk. Die letzte Farbfolge beim Ärmel mit 20 R. in Türkis enden. Der Ärmel wird mit Rot-Türkis, Dunkelblau-Türkis, Grün-Türkis begonnen.

Ausarbeitung: Teile leicht spannen. Alle Nähte bis auf eine Schulternaht schließen. Für das Halsbündchen 140 M. in Türkis aufn. und 4 cm im Bündchenmuster str. M. lose im Maschenrhythmus abk. Schulter- und Bündchennaht schließen, Ärmel einsetzen.

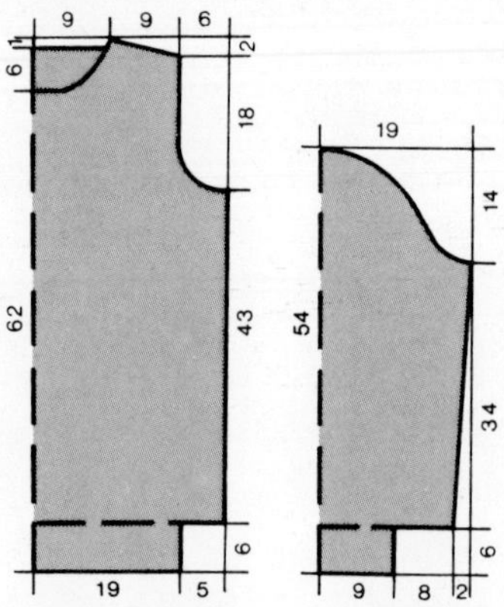

Vorder- und Rückenteil-Hälfte **Ärmel-Hälfte**

⊠ = Hellblau ⊟ = Rot

⊡ = Khaki ◬ = Dunkelblau

⧄ = Beige ⊞ = Grün

□ = Türkis

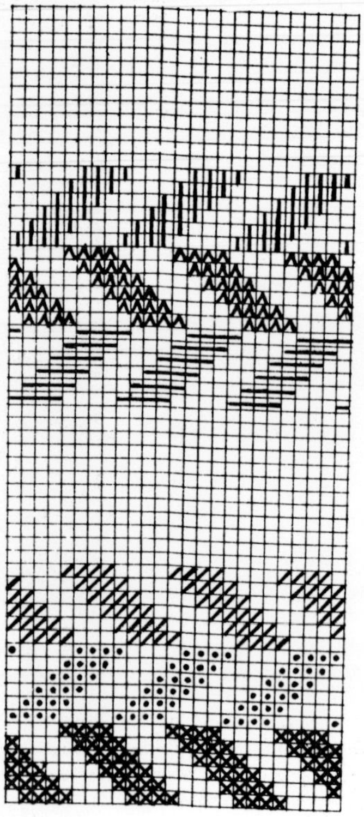

Jacke mit Kimonoärmeln

Größe: 40.

Material: 350 g türkisfb. (Nr. 13) und je 50 g rotes (Nr. 17), dunkelblaues (Nr. 16), hellblaues (Nr. 15), beigefb. (Nr. 11), khakifb. (Nr. 12) und grünes (Nr. 14) Garn von Hübner, Qual. „Lurex“. Perl-INOX-Stricknadeln Nr. 2½ und 3. Lange Rundstricknadel Nr. 2½. 6 Knöpfe.

Grundmuster: Glatt re. (Hinr. re. M., Rückr. li. M.)

Maschenprobe: 27 M. und 36 R. = 10 cm.

Einstrickmuster: Siehe Schemazeichnung.

Bündchenmuster: 1 M. re., 1 M. li. im Wechsel.

Farbfolge: Nach dem Bündchen das Einstrickmuster (= je 6 R.) ★ in Hellblau-Türkis, Khaki-Türkis, Beige-Türkis, Rot-Türkis, Dunkelblau-Türkis und Grün-Türkis, ab ★ fortl. wiederh. str.

Rückenteil: 108 M. in Türkis mit Nadeln Nr. 2½ anschl. und 18 cm im Bündchenmuster str., dann mit Nadeln Nr. 3 im Grundmuster nach der Farbfolge weiterstr., dabei in der 1. R. gleichmäßig verteilt 66 M. zun. (= 174 M.). Gerade weiterstr. und in 28 cm ab Bündchen

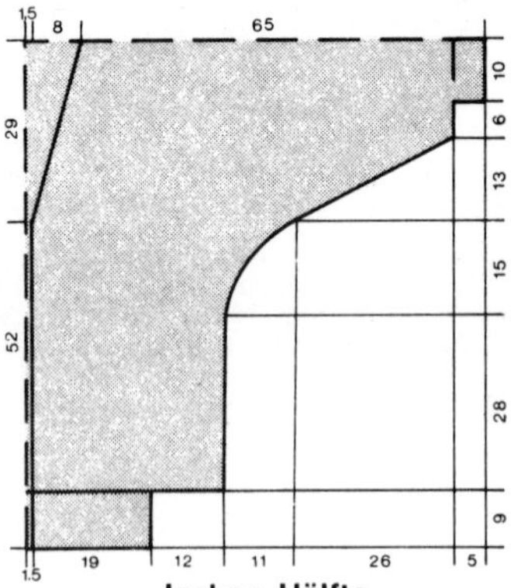

Jacken-Hälfte

beids. für die Ärmelschrägung 6 x in jeder 4. R. 1 M., 13 x in jeder 2. R. 1 M. und 28 x in jeder 2. R. 3 M. zun. (= 277 M.). Gerade weiterstr. und in 90 cm Höhe die mittl. 48 M. abk. und nun jede Vorderteil-Hälfte für sich gegengl. zum Rückenteil beenden. Dabei für die vord. Schrägung 22 x in jeder 5. R. 1 M. zun. Die Ärmelschrägung wie hinten str., dabei werden die Zun. zu Abn. Die 2. Vorderteil-Hälfte gegengl. str.

Ausarbeitung: Teile nach dem Schnitt spannen und unter feuchten Tüchern trocknen lassen. Aus den Ärmelkanten ca. 52 M. in Türkis mit Nadeln Nr. 2½ aufn. und 5 cm im Bündchenmuster anstr. Seitennähte schließen. Den unteren Saum zur Hälfte nach innen umnähen. Aus der gesamten vord. Kante M. in Türkis aufn. und 3 cm im Bündchenmuster anstr. Dabei an der re. Blende nach 1,5 cm 6 Knopflöcher gleichmäßig verteilt einstr. Knöpfe annähen.

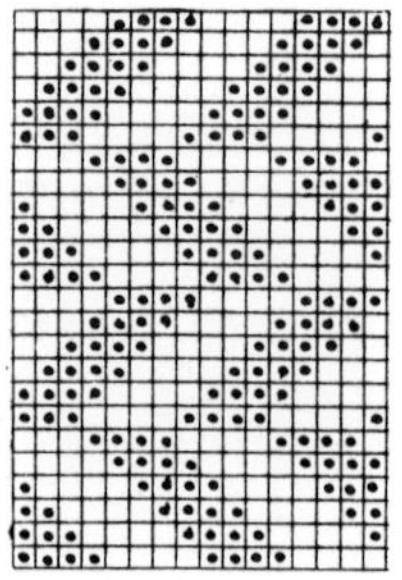

▽ *Diese Jacke mit den superweiten Kimonoärmeln und dem dekorativen Muster hat vorne einen tiefen V-Ausschnitt und eine Knopfleiste. Mit etwas Geduld wird Ihnen das Farbenspiel sicher gut gelingen.*

△ *Bildschöner Pullover mit Musterstreifen von edel strenger Grafik. Das Jacquardmuster wird von Unistreifen unterbrochen und wirkt dadurch optisch leichter als die dazugehörende durchgehend gemusterte Jacke.*

Damenjacke

Größe: 38/40.

Material: 700 g blaues (Nr. 24) Garn von Austermann Qual. „Sindbad", je 100 g fliederfb. (Nr. 3033), roséfb. (Nr. 3010). und 250 g lilafb. (Nr. 3001) Mohairgarn von Austermann. INOX-Rundstricknadel Nr. 4½ und 5/120 cm lang, INOX-Nadelspiel Nr. 4½ und 5. 6 Knöpfe ∅ 1,8 cm.

Grundmuster: Glatt re. (Hinr. re. M., Rückr. li. M.)

Einstrickmuster: (siehe Schemazeichnung) 1 Kästchen = 1 M. und 1 R.

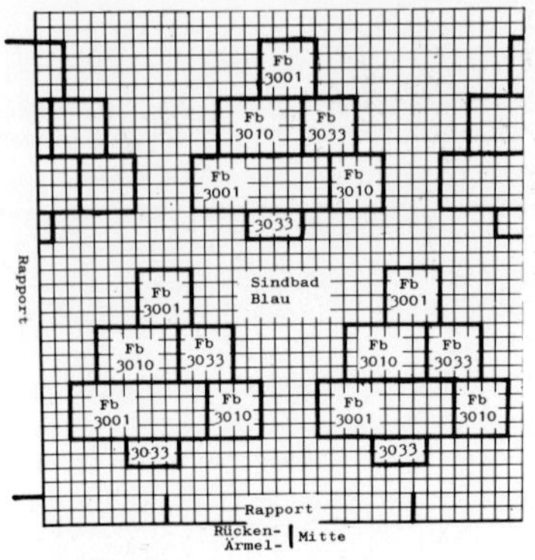

Bündchenmuster: 1 M. re., 1 M. li. im Wechsel.

Maschenprobe: 16 M. und 21 R. = 10 cm.

Anleitung: Die Jacke wird bis zu den Armausschnitten in einem Teil gearb. Dafür 136 M. mit Nadel Nr. 5 in Blau anschl. und für die Rundung beids. in jeder R. 11 x 1 M. zun. (= 158 M.). Das Einstrickmuster beginnt in der 4. R. Das Muster wird so eingeteilt, daß die rückw. Mitte genau zwischen 2 Mustern liegt.
In 9 cm Höhe für die Taschen 8 M. str., 20 M. stillegen, 102 M. str., 20 M. stillegen und 8 M. str. Nun zwei Taschenbeutel in Blau arb. Dafür je 20 M. anschl. und 9 cm glatt re. hoch str. Die 20 M. der Taschenbeutel werden anstelle der je 20 stillgelegten M. auf die Nadel genommen. In 34 cm Höhe für die Armausschnitte 36 M. str., 6 M. abk., 74 M. str., 6 M. abk. und 36 M. str. und die Teile getrennt beenden.

Rückenteil: Für die Armausschnitte beids. in jeder 2. R. noch 1 x 2 und 1 x 1 M. abn. (= 68 M.) In 56 cm Höhe für die Schultern in jeder 2. R. beids. 3 x 7 M. und dann die restl. 26 M. abk.

Re. Vorderteil: Den Armausschnitt wie beim Rückenteil beschrieben arb. (= 33 M.). Für den Halsausschnitt in 49 cm Höhe an der re. Seite in jeder 2. R. 1 x 5, 2 x 2, 2 x 1 M. und in der 4. R. 1 x 1 M. abn. Gleichzeitig die Schulter wie beim Rückenteil beenden.

Li. Vorderteil: gegengl. arb.

Ärmel: Mit lilafb. Mohairgarn und Nadel Nr. 4½ 42 M. anschl. und 6 cm im Bündchenmuster str. Nun in Blau und Nadel Nr. 5 weiterarb. Das Einstrickmuster beginnt in der 5. R. nach dem Bündchen. Das Muster wird so eingeteilt, daß die Mitte des Ärmels genau zwischen 2 Motiven liegt.
Für die Schrägung beids. in jeder 6. R. 13 x 1 M. zun. (= 68 M.). In 46 cm Höhe die Armkugel wie folgt arb.: beids. in jeder 2. R. 1 x 5, 3 x 2, 3 x 1, 2 x 2, 1 x 3, 1 x 5 M. abn. und die restl. M. abk. Den 2. Ärmel gleich arb.

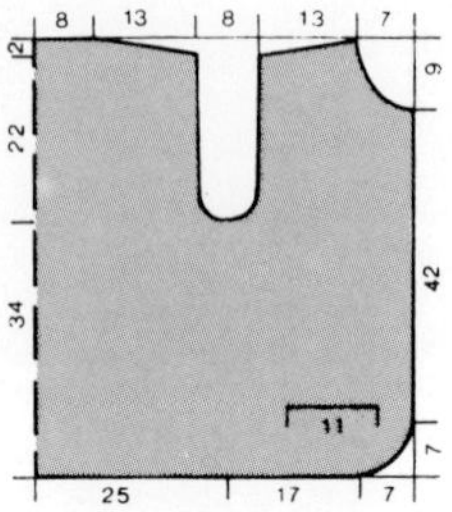

Vorder- und Rückenteil-Hälfte

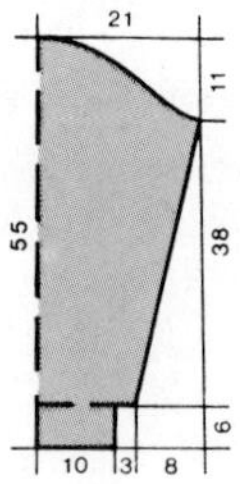

Ärmel-Hälfte

Ausarbeitung: Die Teile nach Schnitt spannen und mit feuchten Tüchern bedeckt trocknen lassen. Die Schulter- und Ärmelnähte schließen und die Ärmel einsetzen.
Für die Taschenblenden über die je 20 stillgelegten M. mit lilafb. Mohairgarn und Nadel Nr. 4½ 2 cm im Bündchenmuster str. Die Seiten der Taschenblenden und die Taschenbeutel annähen.
Aus dem Halsausschnitt in Lila und Nadel Nr. 4½ 68 M. aufn. Nach 4 cm im Bündchenmuster die M. abk. und die Halsblende nach li. zur Hälfte umschl. und festnähen.
An den übrigen Kanten die M. wie folgt aufn.: an der Verschlußkante bis zur Rundung je 68 M., aus der Rundung 18 M., und aus der unteren Kante aus jeder Anschlagsm. 1 M. herausstr.
Nach 2 cm im Bündchenmuster alle M. abk. An der re. Verschlußkante werden in der Mitte der Blende 6 Knopflöcher gearb. Dafür vom Halsausschnitt ausgehend 4 M. str. ★ 2 M. abk., 8 M. str., ab ★ noch 4 x wiederh., 2 M. abk. und im Bündchenmuster weiterarb. In der nächsten R. die M. wieder aufn. Knöpfe annähen.

Sanfte Farben

Viel zu chic, um sie nicht für viele Gelegenheiten zu tragen, ist diese taillenkurze Jacke mit den abgerundeten Ecken und glatt rechts eingestrickten kleinen bunten Quadraten. Dieses „Fleckerlwerk" wird nicht nur die große Tochter und Freundin begeistern!

Kleid mit Taillenbund

Größe: 36/38 und 40/42.

Die Angaben für Größe 40/42 stehen in Klammern, sofern sie von Größe 36/38 abweichen.

Material: 300 (350) g pflaumenblaues (Nr. 573) Mohairgarn von Schachenmayr, Qual. „Show" (70% Polyacryl, 30% Mohair, Lauflänge: ca. 290 m/50 g). INOX-Stricknadeln Nr. 2½ und 3.

Grundmuster: Glatt re. (Hinr. re. M., Rückr. li. M.).

Maschenprobe: 24 M. und 36 R. = 10 cm im Quadrat.

Bündchenmuster I: 1 M. re., 1 M. li. im Wechsel.

Bündchenmuster II: 2 M. re., 2 M. li. im Wechsel.

Rückenteil: 126 (136) M. mit Nadeln Nr. 3 anschl. und im Grundmuster str. Dabei für die Seitenschrägung beids. in 13 cm Höhe 1mal 1 M., dann nach jeweils 9,5 cm noch 4mal 1 M. abn. = 116 (126) M.
In 60 cm Höhe mit Nadeln Nr. 2½ im Bündchenmuster II weiterstr. Dabei in der 1. R. gleichmäßig verteilt 20 M. abn. = 96 (106) M.
In 75 cm Höhe mit Nadeln Nr. 3 wieder im Grundmuster str., dabei in der 1. R. gleichmäßig verteilt 16 M. zun. = 112 (122) M. In 107 cm Höhe im Bündchenmuster I mit Nadeln Nr. 3 weiterstr.und in 111 cm Höhe alle M. locker abk.

Vorderteil: Bis auf die V-Passe wie das Rückenteil str.
In 82 cm Höhe für die V-Passe wie folgt str.: **1. und 3. R.:** 55 (60) M. re., 2 M. li., 55 (60) M. re. In der 2. und allen folg. Rückr. die M. str., wie sie erscheinen. **5. und 7. R.:** 51 (56) M. re., 2 M. li., 2 M. re., 2 M. li., 2 M. re., 2 M. li., 51 (56) M. re. **9. und 11. R.:** 47 (52) M. re., 2 M. li., ★ 2 M. re., 2 M. li., ab ★ noch 3mal wiederholen, 47 (52) M. re. In diesem Prinzip weiterarbeiten, also das Muster nach jeweils 4 R. beids. um 4 M. erweitern, bis insgesamt 90 M. im Bündchenmuster II gestr. werden.
In 107 cm Höhe über alle M. noch 4 cm im Bündchenmuster I str., dann die M. locker abk.

Ärmel: 54 M. mit Nadeln Nr. 2½ anschl. und 10 cm im Bündchenmuster I str. Dabei in der letzten R. gleichmäßig verteilt 18 M. zun. = 72 M.
Weiter mit Nadeln Nr. 3 im Grundmuster arbeiten. Dabei für die Ärmelschrägung beids. in jeder 5. R. 24mal 1 M. zun. = 120 M.
In 46 cm Höhe im Bündchenmuster I mit Nadeln Nr. 3 str. und in 50 cm Höhe alle M. locker abk.
Den 2. Ärmel ebenso str.

Ausarbeitung: Die Teile nach dem Schnitt spannen und unter feuchten Tüchern trocknen lassen.
Die Schulternähte von rechts in der Bündchenmitte schließen, dann diese Bündchen zur Hälfte nach hinten bzw. vorn umschlagen und annähen.
Seiten- und Ärmelnähte schließen, dabei an den oberen Bündchen der Ärmel die Naht nach außen legen.
Die Ärmel unterhalb der oberen Bündchen von rechts in die Armausschnitte einnähen. Die oberen Ärmelbündchen zur Hälfte zum Ärmel hin umschlagen und annähen. Dann diese Bündchen sehr vorsichtig zum Ärmel hin umbügeln (nicht dämpfen!).
Die untere Rockkante 3 cm als Saum nach innen umlegen und annähen.

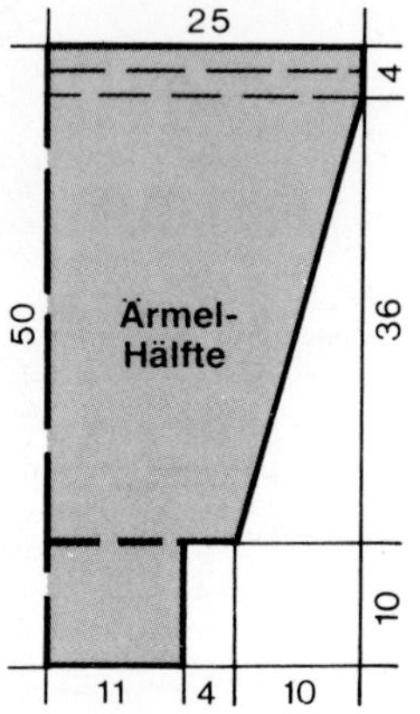

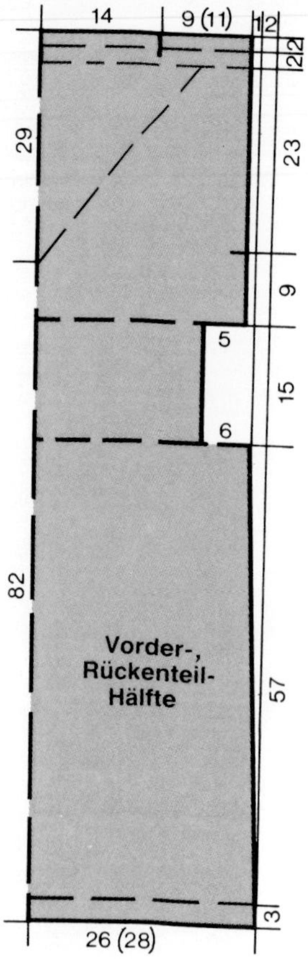

Kleid mit Patentmuster

Größe: 36/38 und 40/42.

Die Angaben für Größe 40/42 stehen in Klammern, sofern sie von Größe 36/38 abweichen.

Material: 250 (300) g türkisfb. (Nr. 840) Mohairgarn von Schachenmayr, Qual. „Show" (70% Polyacryl, 30% Mohair, Lauflänge: ca. 290 m/50 g). INOX-Stricknadeln Nr. 5.

Grundmuster I: Patentmuster. M.-Zahl teilbar durch 2.
1. R.: Randm., ★ 1 M. re., 1 Umschlag, 1 M. li. abh., ab ★ wiederholen, Randm.
2. R.: Randm., ★ die abgehobene M. der Vorr. mit dem Umschlag zus. re. str., 1 Umschlag, die folg. M. li. abh., ab ★ wiederholen, Randm.
Die 2. R. laufend wiederholen.

Maschenprobe I: 15 M. und 34 R. = 10 cm im Quadrat.

Grundmuster II: Glatt re. (Hinr. re. M., Rückr. li. M.).

Rückenteil: 70 (76) M. anschl. und 3 cm glatt re. sehr locker str. Dann weiter im Patentmuster gerade hochstr.
In 87 cm Höhe noch 3 cm glatt re. locker str., dann alle M. sehr locker abk.

Vorderteil: Wie das Rückenteil str.

Ärmel: 34 M. anschl. und 3 cm glatt re. locker str. Dann im Patentmuster weiterarbeiten, dabei für die Ärmelschrägung beids. nach jeweils 2 cm 21mal 1 M. zun. = 76 M.
In 45 cm Höhe noch 3 cm glatt re. locker str., dann alle M. sehr locker abk.
Den 2. Ärmel ebenso str.

Ausarbeitung: Die Teile nach dem Schnitt spannen und unter feuchten Tüchern trocknen lassen.
Die Schulternähte unterhalb des glatt re. Streifens von der rechten Seite schließen. Die glatt re. Streifen nach vorn bzw. hinten umrollen und mit lockeren Stichen annähen.
Die Ärmel ebenfalls unterhalb des glatt re. Streifens von rechts an Vorder- und Rückenteil nähen, den Streifen über den Ärmel rollen und annähen.
Seiten- und Ärmelnähte in einem Arbeitsgang schließen.
Nun die glatt re. Streifen an den Ärmelkanten und der unteren Kleidkante nach außen umrollen und ebenfalls mit lockeren Stichen annähen.

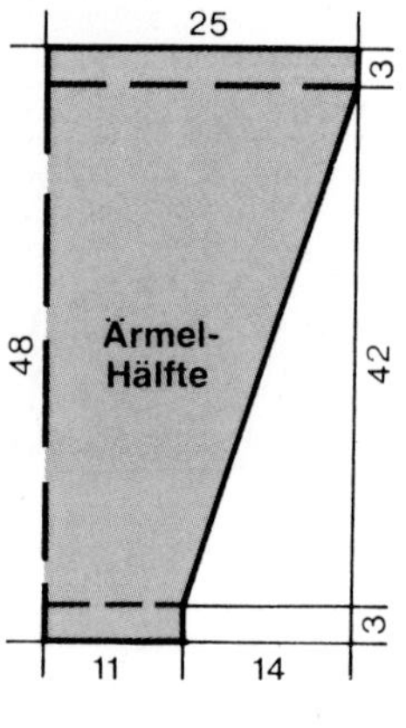

Schal: 34 M. anschl. und im Patentmuster ca. 100 cm gerade hochstr. Dann alle M. locker abk.

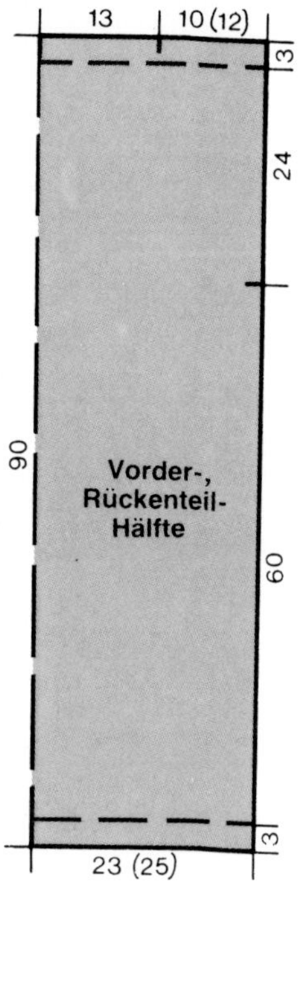

Federleicht und ein bißchen sexy

Zwei Modelle für geduldige und emsige Strickerinnen. Die Nadeln müssen schon tüchtig klappern, um diese hübschen Kleider zu stricken. Ob das Kleid aus pflaumenblauem, mohairartigem Garn mit der Taillenbetonung oder das Kleid aus türkisfarbigem Mohairgarn im Patentmuster den Vorzug erhält, müssen Sie entscheiden. Vielleicht besitzen Sie schon bald alle beide?

Strickmantel

Größe: 38.

Material: 350 g helltürkisfb. (Nr. 3044), je 150 g hellblaues (Nr. 3065) und mittelblaues (Nr. 3027) und 100 g türkisfb. (Nr. 3067) Mohairgarn, Qual. „Mohair", von Austermann. Je 1 Paar INOX-Rundstricknadeln Nr. 6 und 5, 120 cm lang. 8 Knöpfe.

Grundmuster: Glatt re. (Hinr. re. M., Rückr. li. M.).

Schemazeichnung: 1 Kästchen = 1 M. und 1 R.

Bündchenmuster: 1 M. re., 1 M. li. im Wechsel.

Maschenprobe: 13,5 M. und 18 R. = 10 cm im Quadrat.

Anleitung: Der Mantel wird über die Schultern hinweg in einem Stück gearbeitet. Am Rückenteil beginnend mit Nadeln Nr. 6 in Helltürkis 78 M. anschl. und 4 cm im Bündchenmuster arb. Danach im Grundmuster nach der Schemazeichnung mit Nadeln Nr. 5 fortfahren, dabei in der 1. R. 1 M. zun. = 79 M. Ebenfalls nach der Schemazeichnung die Halsausschnitte arbeiten. Ist der Schulterbruch erreicht, die Arbeit in 2 Vorderteile à 86 M. teilen, d. h., die Mittelm. entfällt. Zusätzlich kommen jedoch beids. an beiden Teilen für die Verschlußleiste je 4 M. hinzu, die über die ganze Arbeit hinweg in Türkis im Bündchenmuster gearbeitet werden. Ansonsten weiter nach der Zeichnung arbeiten. Diesmal jedoch von oben nach unten. In die re. Blende vom vord. Halsausschnitt entfernt nach 13 cm das 1. Knopfloch arbeiten, indem an dieser Stelle die 2 mittl. M. abgek. und in der Rückr. wieder neu angeschl. werden. Alle 7 weiteren Knopflöcher in einem Abstand von 10 cm einarbeiten. Das Teil mit dem Bündchen mit Nadeln Nr. 6 beenden.

Ausarbeitung: Aus den Ärmelkanten in Helltürkis je 42 M. herausstr. und über 7 cm im Bündchenmuster arb. M. abk. Aus dem gesamten Halsausschnitt in Türkis 83 M. herausstr. und über 10 cm im Bündchenmuster arb. M. abk. Zur Hälfte nach innen schlagen und festheften. Die Unterarm- bzw. Seitennähte schließen und Knöpfe annähen.

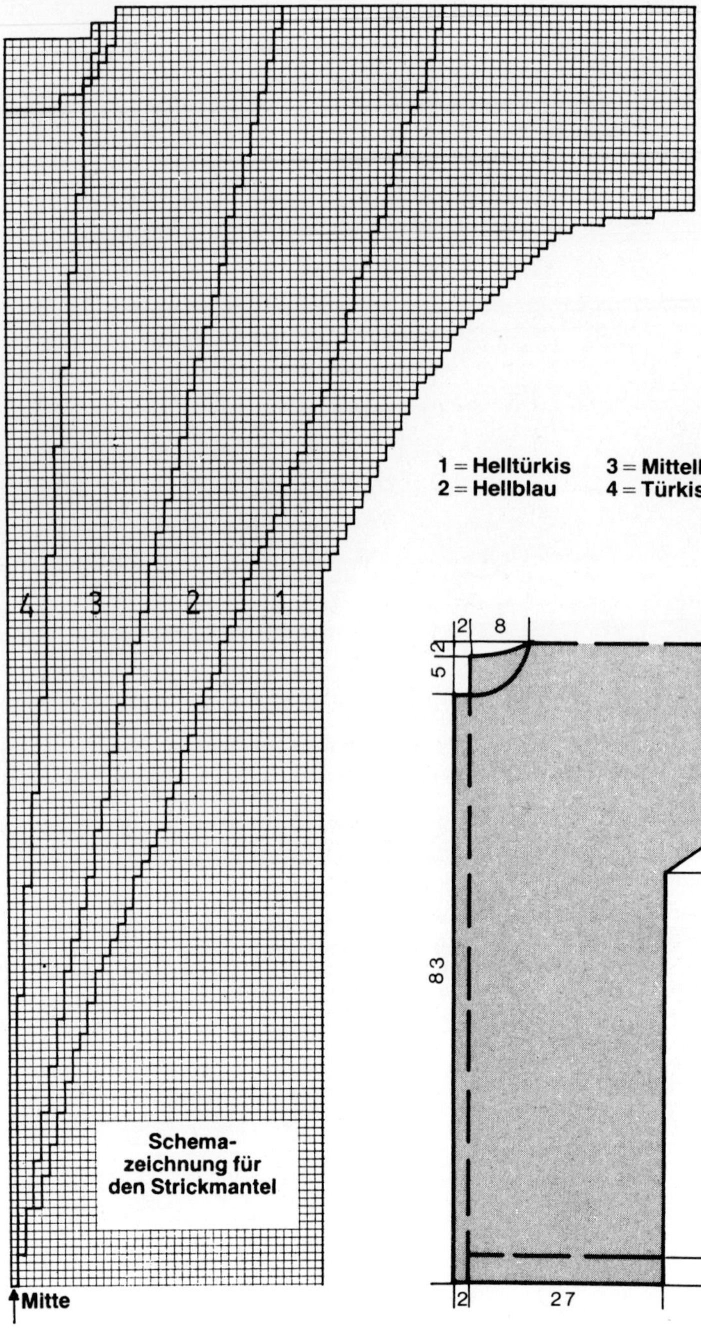

Schemazeichnung für den Strickmantel

1 = Helltürkis 3 = Mittelblau
2 = Hellblau 4 = Türkis

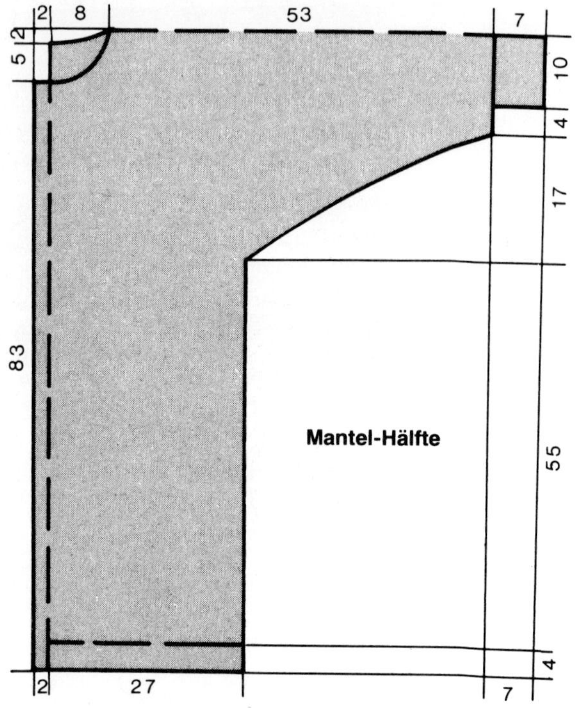

Ein Mantel – kurz und bündig

Weiches, flauschiges Mohairgarn ist ideal für warme Jacken und Mäntel. Wie wär's mit diesem kurzen Mantel, in dem Sie bestimmt auffallen? Nicht nur zum Minikleid ist er eine praktische Ergänzung. Zu langen Hosen ist er ausgesprochen sportlich bis ausgehfein!

Gestreifter Maxipullover

Größe: 38.

Material: 150 g helltürkisfb. (Nr. 3044) und je 100 g hellblaues (Nr. 3065), mittelblaues (Nr. 3027), türkisfb. (Nr. 3067) und petrolfb. (Nr. 3041) Garn, Qual. „Mohair", von Austermann, 1 Paar INOX-Stricknadeln Nr. 5. 1 INOX-Rundstricknadel Nr. 5, 40 cm lang.

Grundmuster: Glatt re. (Hinr. re. M., Rückr. li. M.).

Streifenfolge: ★ 6 R. Helltürkis, 6 R. Hellblau, 6 R. Mittelblau, 6 R. Türkis, 6 R. Petrol, ab ★ wiederh.

Bündchenmuster: 1 M. re., 1 M. li. im Wechsel.

Maschenprobe: 13,5 M. und 20 R. = 10 cm im Quadrat.

Anleitung: Der Pullover wird in einem Stück über die Schultern hinweg gearb. Dafür beim Vorderteil beginnen und 65 M. in Helltürkis anschl. und 4 cm im Bündchenmuster str. Weiter im Grundmuster und der Streifenfolge arb. Für den Fledermausarm nach 55 cm ab Anschlag beids. in jeder 2. R. 6mal 1, 8mal 2, 2mal 5 und 2mal 10 M. zun. = 169 M. Noch 8 cm gerade hochstr. und dann für den vord. Halsausschnitt die mittl. 13 M. abk. Beide Hälften getrennt beenden. Am inneren Arbeitsrand in jeder 2. R. 1mal 3 und 2mal 2 M. abn. Die restl. 71 M. in 85 cm Höhe ruhen lassen (= Ende des 27. Farbstreifens). Die andere Seite gegengl. zum Vorderteil arb. Man beginnt mit der Farbe des 27. Streifens. Für den rückw. Halsausschnitt am inneren Arbeitsrand 2mal 3 M. zun. Bei der anderen Seite gegengl. arb. und noch 1mal 15 M. neu anschl. Über alle 169 M. weiterarb. und mit der Ärmelabnahme nach 12 cm ab Schulterbruch beginnen. Nun anstelle der Maschenzunahmen beim Vorderteil jetzt Maschenabn. arb. Das Teil gegengl. beenden. Nach 166 cm ab Anschlag in Helltürkis noch 4 cm im Bündchenmuster str. M. abk.

Ausarbeitung: Teil nach Schnitt spannen und mit feuchten Tüchern bedeckt trocknen lassen. Aus den Ärmelkanten in Helltürkis je 36 M. aufn. Nach 8 cm im Bündchenmuster die M. abk., wie sie erscheinen. Für die Halsblende mit der Rundstricknadel in Helltürkis 76 M. aufn. und 4 cm im Bündchenmuster str. M. abk., wie sie erscheinen. Seiten- und Unterarmnähte schließen. Dabei auf die Streifenfolge achten.

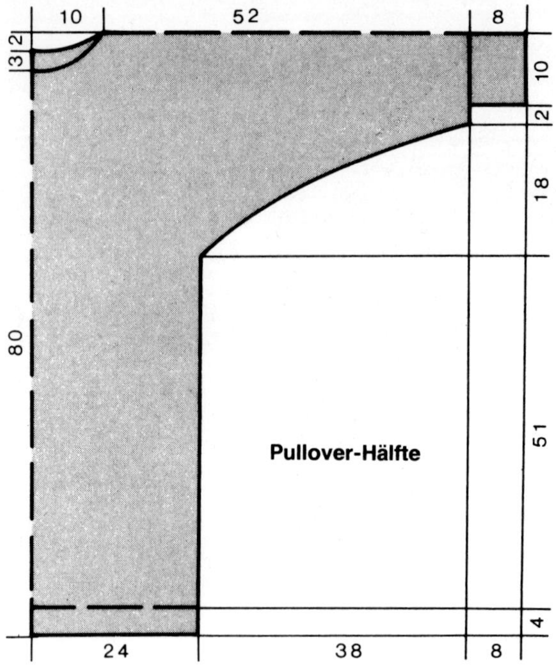

Zum Mini der Maxi

Zum Minimantel hier der Maxipullover! Oder ist es ein Minikleid? Tragen Sie's, wie es Ihnen gefällt! Hier wird in einem Stück in gleichmäßigen Streifen gestrickt. Die Farben passen zum Mantel und machen ihn erst so richtig komplett. Unser Tip: Beginnen Sie mit dem Maxipulli! Er ist schneller fertig!

VON EISBÄREN UND SCHÄFCHEN

Naturfarbener Kinderpullover

Größe: 128 und 140.

Die Angaben für Größe 140 stehen in Klammern, sofern sie von Größe 128 abweichen.

Material: 400 (500) g naturfb. (Nr. 50) Garn von Hjerte, Qual. „Agra" (55 % Schurwolle, 45 % Baumwolle, Lauflänge: ca. 135 m/50 g). INOX-Stricknadeln Nr. 5½ und 7, kurze Rundstricknadel (40 cm lang) Nr. 5½.

Grundmuster: Kraus re. (Hinr. re. M., Rückr. re. M., in Rd.: 1 Rd. re. M., 1 Rd. li. M.) mit doppeltem Faden stricken.

Maschenprobe: 12 M. und 22 R. = 10 cm im Quadrat.

Rückenteil: 50 (56) M. mit Nadeln Nr. 5½ und doppeltem Faden anschl. und im Grundmuster str.
In 6 cm Höhe auf Nadeln Nr. 7 überwechseln und weiterstr.
In 27 (30) cm Höhe für die Armausschnitte beids. in jeder 2. R. 3mal 1 M. abk. = 44 (50) M.
In 44 (49) cm Höhe alle M. abk.

Vorderteil: Bis auf den Halsausschnitt wie das Rückenteil str. Dafür in 39 (44) cm Höhe die mittl. 6 M. gerade, beids. davon in jeder 2. R. 1mal 2 und 4mal 1 M. abk.
In 44 (49) cm Höhe die verbleibenden Schulterm. gerade abk.

Ärmel: 22 (24) M. mit Nadeln Nr. 5½ und doppeltem Faden anschl. und im Grundmuster str.
In 5 cm Höhe mit Nadeln Nr. 7 weiterarbeiten und in der 1. R. gleichmäßig verteilt 8 M. zun. = 30 (32) M. Dann für die Ärmelschrägung beids. in jeder 8. (7.) R. 6mal 1 (8mal 1) M. zun. = 42 (48) M.
In 28 (33) cm Höhe für die Armkugel beids. in jeder 2. R. 1mal 5, 2mal 4 und die restl. M. gerade abk.
Den 2. Ärmel ebenso str.

Ausarbeitung: Die Teile nach dem Schnitt spannen und unter feuchten Tüchern trocknen lassen.
Alle Nähte schließen und die Ärmel einnähen.
Aus dem Halsausschnitt mit der Rundstricknadel ca. 50 M. mit doppeltem Faden aufn. und 3 cm im Grundmuster anstr.

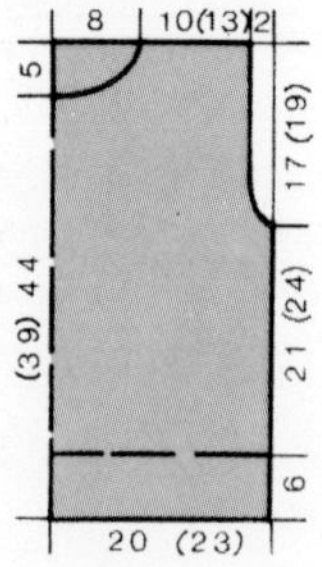

Vorder- und Rückenteil-Hälfte

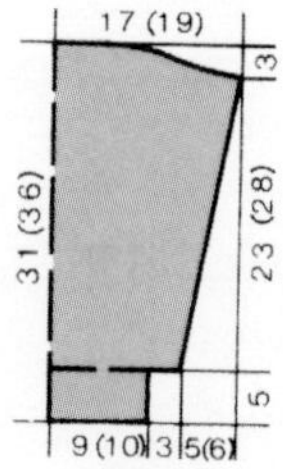

Ärmel-Hälfte

Schäfchenmuff

Größe: Zirka 15 cm hoch und 20 cm breit.

Material: 100 g naturfb. (Nr. 50) Garn, Qual. „Agra" (55 % Schurwolle, 45 % Baumwolle, Lauflänge: ca. 135 m/50 g) und einen Rest oder 100 g naturfb. (Nr. 1) Dochtwolle, Qual. „Gullfoss" (100 % reine Schurwolle, Lauflänge: ca. 100 m/100 g), von Hjerte. INOX-Stricknadeln Nr. 5 und 7. 1 Stück naturfb. Teddyfutter, ca. 48 x 40 cm. 2 längliche Perlen für die Augen und 2 Pailletten für die Nasenlöcher.

Grundmuster I: Schlingenmuster: Es wird mit doppeltem Faden gestr.
1. R. (Rückr.): Re. M. str.
2. R. (Hinr.): 1 M. re., * 1 M. re., jedoch die M. nicht von der li. Nadel gleiten lassen, den Arbeitsfaden nach vorn holen, um den li. Daumen führen, so daß eine Schlinge entsteht, dann den Faden wieder nach hinten nehmen und aus der gleichen M. 1 M. re. str. und die M. von der li. Nadel gleiten lassen, 1 Umschlag und die beiden zuletzt gestr. M. über diesen Umschlag ziehen, 1 M. re., ab * wiederholen.
3. R.: Re. M. str.
4. R.: Wie die 2. R. str., jedoch im Versatz, es wird nun mit 2 M. re. begonnen.
Die 1. bis 4. R. laufend wiederholen.

Maschenprobe I: 13 M. und 18 R. = 10 cm im Quadrat.

Grundmuster II: Glatt re. (Hinr. re. M., Rückr. li. M.).

Anleitung: Für das Vorderteil 28 M. in Qual. „Agra" mit Nadeln Nr. 7 und doppeltem Faden anschl. und 30 R. im Grundmuster I str., dann an der li. Seite für den Schwanz 7 M. neu anschl. und über alle 35 M. 6 R. str. Bis auf 9 M. an der re. Seite alle M. abk. Über diese 9 M. für den Kopf 6 R. im Schlingenmuster str., dann die M. abk. Für das Rückenteil aus der Anschlagkante des Vorderteils 28 M. mit doppeltem Faden in Qual. „Agra" aufn. und ein 2. Teil gegengleich anstr. Jedoch für den Kopf 14 R. str.

Aus der Seitenkante zwischen den Schwanzteilen ca. 35 M. mit doppeltem Faden in Qual. „Agra" aufn. und 3 R. kraus re. (Hinr. re. M., Rückr. re. M.) anstr.
Aus der anderen Kante, auch aus den Kopfstücken, ca. 52 M. aufn. und 3 R. kraus re. anstr.
Aus der 2. Seitenkante des rückw. Kopfteils 9 M. aufn. und 3 R. kraus re. anstr.
Das Teddyfutter zur Hälfte zus.legen (zu einem Stück von 48 x 20 cm) und auf die li. Muffseite stecken, die Kopfteile werden auch abgefüttert. Das überstehende Futter am oberen Rumpfteil zurückschneiden und mit überwendlichen Stichen annähen. Die kraus re. Kanten nach innen umlegen und mit Hexenstichen auf dem Futter festnähen.

Für die **Schnauze** mit Nadel Nr. 5 und Qual. „Gullfoss" 14 M. anschl. und im Grundmuster II str. Dabei beids. 3mal in jeder 4. R. und 3mal in jeder 2. R. 2 M. zus.str. = 4 M. Anschließend 2mal in jeder 2. R. und je 1mal in der 4. R. und wieder in der 2. R. beids. je 1 M. zun. = 12 M. Dann die M. abk.
Das lange Schnauzenteil mit etwas Teddyfutter abfüttern, dann die Seitennähte schließen.

Für 1 **Ohr** 14 M. in „Gullfoss" anschl. und im Grundmuster II 1 R. über 12 M., 1 R. über 10 M. und weiter über alle 14 M. str. Dabei nun am Ende jeder R. 1 M. abn., bis 4 M. übrig sind, dann diese M. abk.
Ein 2. Ohr ebenso str.
Die Ohren zu „Tüten" zus.nähen.
Die Anschlagkante des Schnauzenteils an das rückw. Kopfteil des Muffs nähen und die Abkettkante an das vord. Kopfteil. Die Seitennähte des Kopfteils schließen und die Ohren seitl. mit einnähen.
Die Rückennaht und die Schwanznähte schließen.
Eine ca. 70 cm lange Kordel drehen und annähen.
Die Perlen und Pailetten als Augen und Nasenlöcher aufnähen.

Schäfchenweich und süßes Schäfchen…

Ja, wer diesen Pulli und diesen Muff geschenkt bekommt, wird auf dem Spielplatz alle auf seiner Seite haben! In dem warmen Schäfchen können sich nämlich auch andere Leute mal kurz ihre kalten Hände aufwärmen. Eine liebe Idee für liebe Mädchen.

Kinderpullover

Größe: 128.

Material: 100 g naturfb. (Nr. 7021), 100 g mittelblaues (Nr. 7016) und je 50 g dunkelblaues (Nr. 7017), hellblaues (Nr. 7015), beigefb. (Nr. 7006) und graues (Nr. 7622) Garn (50% Mohair, 50% Polyacryl, Lauflänge: ca. 90 m/50 g) von Schachenmayr, Qual. „Dolly“. Perl-INOX-Flex-Stricknadeln Nr. 5 und 6. Rundstricknadel Nr. 5, 40 cm lang.

Grundmuster: Glatt re. (Hinr. re. M., Rückr. li. M.).

Maschenprobe: 15 M. und 20 R. = 10 cm im Quadrat.

Bündchenmuster: 1 M. re., 1 M. li. im Wechsel.

Schemazeichnung: 1 Kästchen bedeutet 1 M. in der Breite und 1 R. in der Höhe. Die Farben sind als Zahlen angegeben.

Rückenteil: 61 M. in Dunkelblau mit Nadeln Nr. 5 anschl. und 5 cm im Bündchenmuster str. Dann mit Nadeln Nr. 6 im Grundmuster nach der Schemazeichnung weiterstr. Dabei die Pinguine nicht einstr., sondern später im Maschenstich aufsticken. Ebenfalls die Sterne aufsticken.

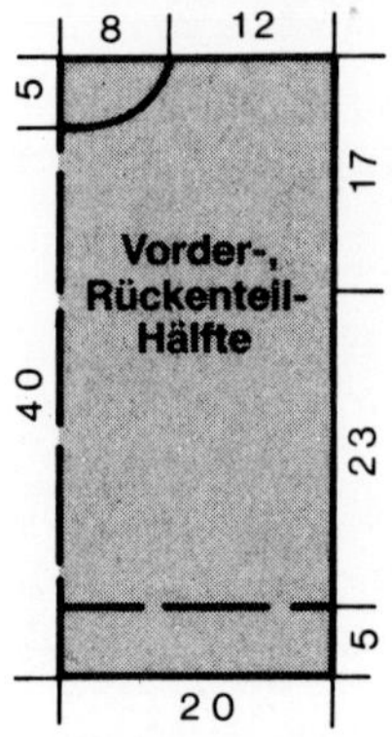

Vorderteil: 61 M. in Dunkelblau anschl. und wie beim Rückenteil beschrieben nach der Schemazeichnung str.

Ärmel: 28 M. in Mittelblau mit Nadeln Nr. 5 anschl. und 5 cm im Bündchenmuster str. Dann mit Nadeln Nr. 6 im Grundmuster weiterstr. Dabei in der 1. R. gleichmäßig verteilt 12 M. zun. = 40 M. Für die Ärmelschrägung beids. 6mal in jeder 8. R. 1 M. zun. = 52 M. In 30 cm Höhe für die Armkugel beids. in jeder 2. R. 1mal 8, 1mal 6, 1mal 4 und die restl. M. gerade abk. Den 2. Ärmel gleich str.

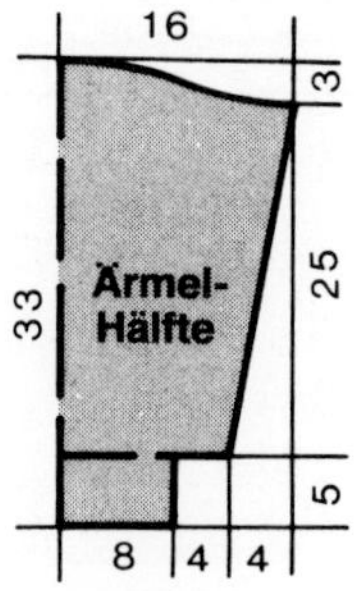

Ausarbeitung: Teile nach dem Schnitt spannen und unter feuchten Tüchern trocknen lassen. Die Pinguine im Maschenstich aufsticken. Die Konturen des Eisbären in Hellblau im Steppstich sticken. Die Sterne in Natur in 3 Spannstichen, die in der Mitte von einem kleinen Stich gehalten werden.
Ebenfalls auf die Ärmel Sterne sticken. Alle Nähte schließen. Aus dem Halsausschnitt M. in Mittelblau mit der Rundstricknadel Nr. 5 aufn. und 6 cm im Bündchenmuster anstr. Zur Hälfte nach außen kippen und gegennähen.

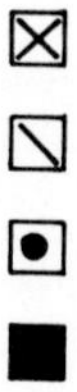

1 = Dunkelblau

2 = Mittelblau

3 = Natur

4 = Beige

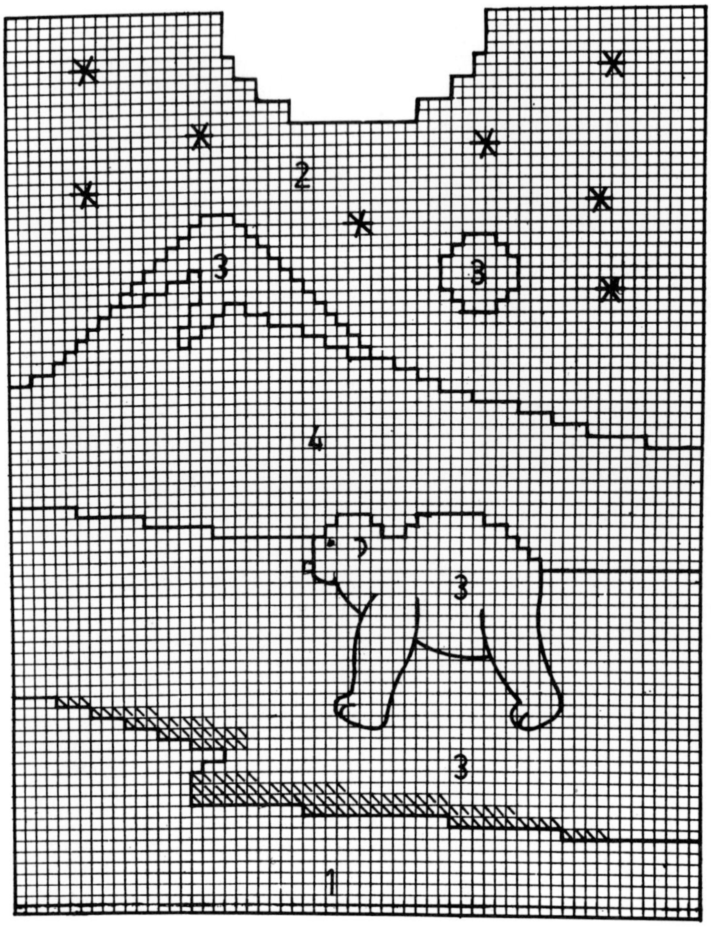

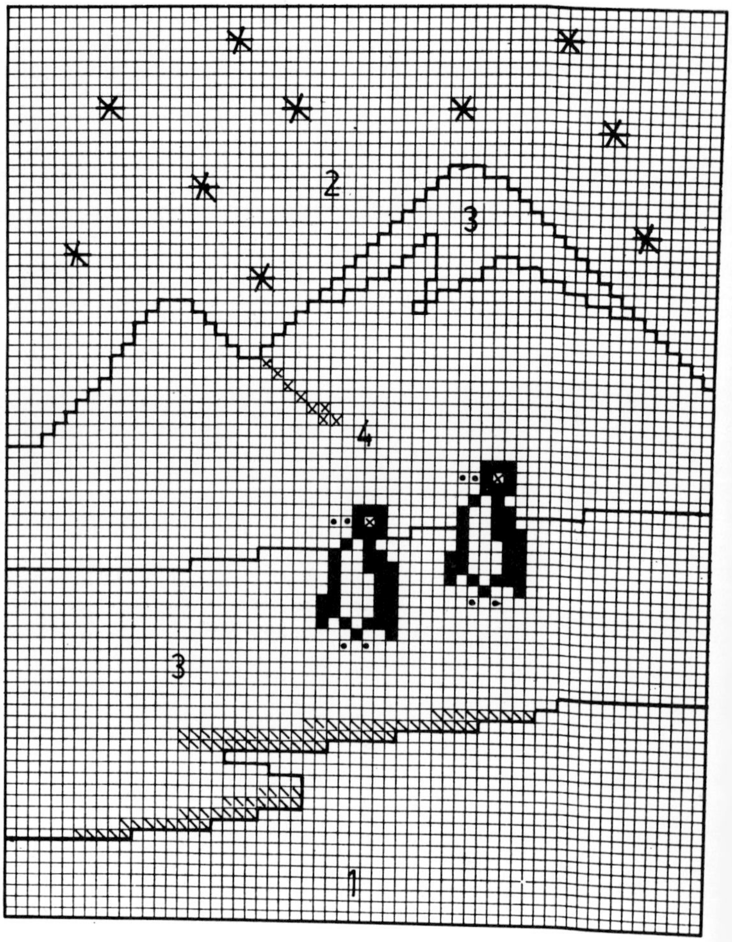

Von Eisbären und Pinguinen…

Vorne präsentiert der Pullover eine Winterlandschaft, in der sich ein pummeliger Eisbär tummelt. Hinten stolzieren aufgestickte Pinguine über den Schnee. Alle großen Farbflächen werden eingestrickt, alle kleinen gestickt. Angehende junge Damen werden ausgesprochen stolz auf dieses Modellchen sein!

Kinderpullover

Größe: 116 und 128. Die Angaben für Größe 128 stehen in Klammern, sofern sie von Größe 116 abweichen.

Material: Je 100 g mittelblaue (Nr. 6006), bordeauxfb. (Nr. 6004) und gelbe (Nr. 6016) und je 50 g naturfb. (Nr. 6000), dunkelrote (Nr. 6029), eisblaue (Nr. 6022), dunkelblaue (Nr. 6024) und hellblaue (Nr. 6027) Wolle (100% Schurwolle, Lauflänge: ca. 70 m/50 g), Qual. „Folklore", von Schachenmayr. Perl-INOX-Flex-Stricknadeln Nr. 4 und 5. Kurze Rundstricknadel Nr. 4.

Grundmuster: Perlmuster, 1 M. re., 1 M. li. im Versatz str.

Maschenprobe: 15 M. und 28 R. = 10 cm im Quadrat.

Bündchenmuster: 1 M. re., 1 M. li. im Wechsel.

Anleitung: Der Pullover wird in einem Stück gestr. und am Vorderteil begonnen. 46 M. (52) in Mittelblau mit Nadeln Nr. 4 anschl. und im Bündchenmuster 4 cm str. Dann mit Nadeln Nr. 5 im Grundmuster weiterstr., dabei in der 1. R. gleichmäßig verteilt 14 M. zun. = 60 (66) M. Dann in bunter Farbfolge schmale und breite Streifen aneinanderstr. Dabei in 27 (29) cm Höhe beids. in jeder 2. R. 4mal 8 (3mal 8 und 1mal 10) M. zun. = 124 (134) M. Gerade weiterstr., dabei in 37 (39) cm Höhe für den Halsausschnitt die mittl. 14 M. gerade und beids. in jeder 2. R. 1mal 3, 1mal 2 und 2mal 1 M. abk.
Nun das Rückenteil gegengl. anstr. (auch die Farbaufteilung gegengl. str.), dabei für den Halsausschnitt zwischen den M. des Vorderteils 28 M. neu anschl. und mit allen M. das Rückenteil gegengl. zum Vorderteil str. Dabei werden die Zunahmen zu Abnahmen. Mit dem Bündchen enden.

Ausarbeitung: Teil nach dem Schnitt spannen. Aus den unteren Ärmelkanten M. in Hellblau aufn. und mit Nadeln Nr. 4 im Bündchenmuster 7 cm anstr. Nähte schließen. Aus dem Halsausschnitt M. in Mittelblau aufn. und in Rd. im Bündchenmuster 10 cm anstr. Die M. abk.

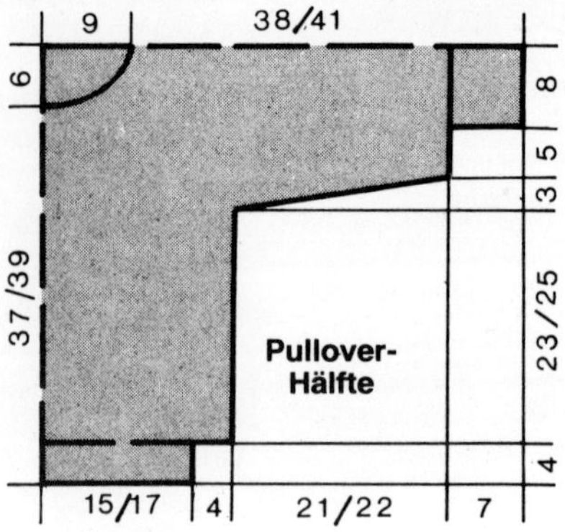

Bunt geringelt in den Winter

Da macht das Stricken so richtig Freude. Im Perlmuster, mit vielen bunten Streifen, ist so ein Kinderpulli im Nu fertig. Da dürfen es gelegentlich auch mal Reste von Muttis oder Vatis großem Pulli sein. Schon gibt es sogar noch Partner-Look zum fröhlichen Spielen und Toben.

Namenspullover

Größe: 152.

Material: 100 g blaue (Nr. 6452), 200 g rote (Nr. 6410), 200 g gelbe (Nr. 6404), 150 g grüne (Nr. 6467) Wolle von Scheepjes, Qual. „Luzern“. Perl-INOX-Stricknadeln Nr. 4 und 5. 4 Knöpfe.

Grundmuster: Glatt re. (Hinr. re. M., Rückr. li. M.).

Maschenprobe: 19 M. und 25 R. = 10 cm.

Bündchenmuster: 1 M. re., 1 M. li. im Wechsel.

Rückenteil: 60 M. mit Nadeln Nr. 4 in Blau anschl. und 6 cm im Bündchenmuster str. Mit Nadeln Nr. 5 in Rot glatt re. weiterarb., dabei in der 1. R. gleichmäßig verteilt 22 M. zun. (= 82 M.). In 32 cm Höhe beids. 6 M. abk. In 51 cm Höhe die restl. M. gerade abk.

Vorderteil: Das Bündchen wie beim Rückenteil str. In der 1. R. gleichmäßig verteilt 22 M. zun. (= 82 M.). 27 M. in Gelb und 55 M. in Rot str. Über diese M. weiterarb. bis in 32 cm Höhe. Nun beids. 6 M. abk. Über dem gelben Teil jetzt 21 M. in Grün str., 6 M. abk. Weiterarb. bis in 51 cm Höhe. Die M. abk. Über dem roten Teil 49 M. in Gelb str., weiterarb. bis in 51 cm Höhe. Die M. abk.

Ärmel: 38 M. mit Nadeln Nr. 4 in Blau anschl. und 5 cm im Bündchenmuster str. Mit Nadeln Nr. 5 in Gelb glatt re. weiterarb., in der 1. R. gleichmäßig verteilt 12 M. zun. (= 50 M.). Dann beids. in jeder 8. R. 10 x 1 M. zun. (= 70 M.). Farbeinteilung: re. Ärmel: Gelb bis in 20 cm, Grün bis in 42 cm. Li. Ärmel: Gelb bis in 20 cm, Rot bis in 42 cm Höhe.

Ausarbeitung: Den gewünschten Namen nach dem Alphabet in Blau im Maschenstich aufsticken. Alle Teile nach dem Schnitt spannen und unter feuchten Tüchern trocknen lassen. Alle Nähte schließen. Für die untere Verschlußblende am grünen Teil mit Nadeln Nr. 4 M. in Blau aufn. und 3 cm im Bündchenmuster str. Die M. im Muster abk. Die Halsausschnittblende mit Nadeln Nr. 4 in Blau str. Dafür die re. Schulternaht in einer Breite von 11 cm schließen. Die M. um den Halsausschnitt und über der Verschlußblende aufn. und 3 cm im Bündchenmuster str. Die M. im Muster abk. Für die obere Verschlußblende am gelben Teil die M. in Blau am Schlitzrand aufn., ebenso über dem Halsausschnittbündchen, 3 cm im Bündchenmuster anstr., nach 1½ cm 4 Knopflöcher über jeweils 3 M. einarb., das obere Knopfloch in die Halsausschnittblende, die übrigen 3 Knopflöcher über dem gelben Teil des Vorderteils, diese Knopflöcher gleichmäßig über der Verschlußblende verteilen. Oberer und unterer Knopf in Rot, mittl. 2 Knöpfe in Gelb und Grün.

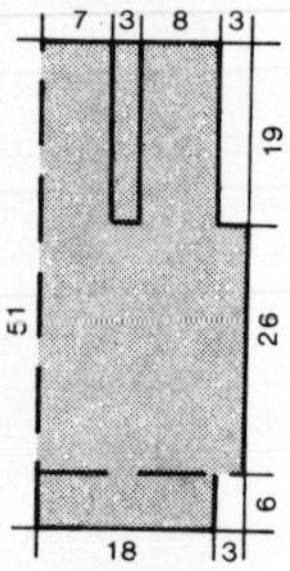

Vorder- und Rückenteil-Hälfte

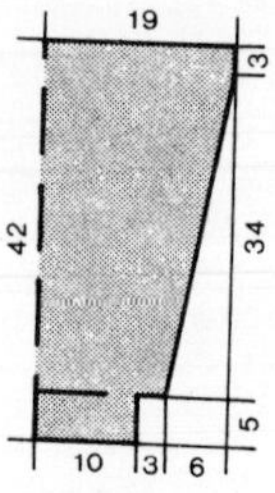

Ärmel-Hälfte

Alphabet zum Sticken

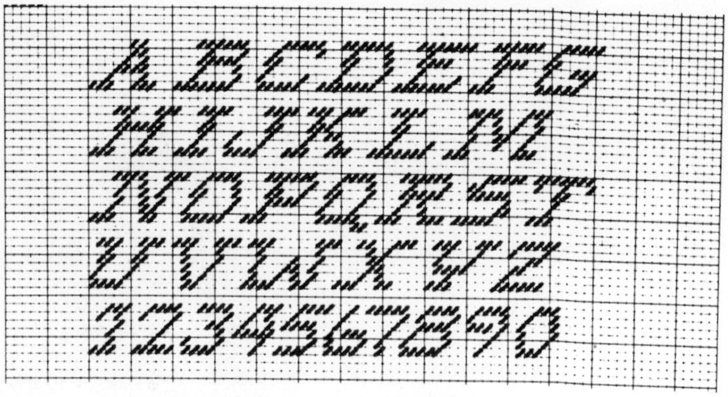

Pullover mit Bauchtasche

Größe: 152.

Material: 400 g blaue (Nr. 6452), 200 g rote (Nr. 6410) und 100 g gelbe (Nr. 6404) Wolle (reine Schurwolle) von Scheepjes, Qual. „Luzern“. Perl-INOX-Stricknadeln Nr. 4 und 5.

Grundmuster I: Glatt re. (Hinr. re. M., Rückr. li. M.).

Grundmuster II: kraus re. (Hinr. re. M., Rückr. re. M.).

Maschenprobe I: 19 M. und 25 R. = 10 cm.

Bündchenmuster: 1 M. re., 1 M. li. im Wechsel.

Rückenteil: 58 M. mit Nadeln Nr. 4 in Rot anschl. 6 cm im Bündchenmuster str. Mit Nadeln Nr. 5 glatt re. in Blau weiterarb. In der 1. R. gleichmäßig verteilt 22 M. zun. (= 80 M.). Weiterarb. bis in 45 cm Höhe. Dann im Bündchenmuster in Rot weiterarb. bis in 51 cm Höhe. Alle M. abk.

Vorderteil: Wie Rückenteil str.

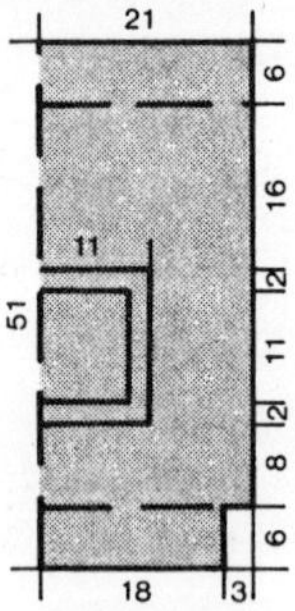

Vorder- und Rückenteil-Hälfte

Ärmel: 38 M. mit Nadeln Nr. 4 in Rot anschl. und 5 cm im Bündchenmuster str. Mit Nadeln Nr. 5 in Blau glatt re. weiterarb. und in der 1. R. gleichmäßig verteilt 12 M. zun. (= 50 M.) Weiterarb. bis in 39 cm Höhe, dabei beids. in jeder 6. R. 10 x 1 M. zun. (= 70 M.) Alle M. abk.

Tasche: 44 M. mit Nadeln Nr. 5 in Gelb anschl. und 2 cm im Bündchenmuster str. Glatt re. weiterarb., dabei beids. 5 M. kraus re. str. In 13 cm Höhe noch 2 cm im Bündchenmuster str. Die M. abk.

Ellbogenflicken: 32 M. mit Nadeln Nr. 5 in Rot anschl. und 2 cm im Bündchenmuster str. Glatt re. weiterarb., dabei beids. 5 M. kraus re. str. In 10 cm Höhe noch 2 cm im Bündchenmuster str. Die M. im Muster abk.

Ausarbeitung: Tasche und Ellbogenflicken an den angegebenen Stellen auf die Ärmel und das Vorderteil nähen. Die Kreuzchen mit Stielstichen arb. Rot auf Gelb und Gelb auf Rot.

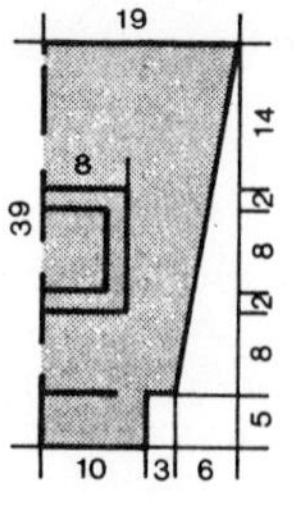

Ärmel-Hälfte

Das gefällt uns

Ab jetzt gibt es keinen Streit mehr um den Pullover, denn in Maschenstich ist der Name dekorativ aufgestickt. Nach unserem Alphabet können alle Namen gestickt werden, wer's mag, kriegt auch eine Jahreszahl. Sehr sportlich ist das zweite Modell. Die praktische Bauchtasche, sie ist extra gestrickt, nimmt Kleinkram und klamme Finger auf. Ein Hit für Buben und Mädchen.

WUNSCHPULLOVER: INDIVIDUELL UND BEQUEM

Herrenpullover

Größe: 48/50 und 52/54.
Die Angaben für Größe 52/54 stehen in Klammern, sofern sie von Größe 48/50 abweichen.

Material: 500 (550) g blaues (Nr.3), 200 g grünes (Nr. 9) und 100 g hellbraunes (Nr. 8) Garn mit Tweedeffekt (mit Bayer-Textilfaser), Qual. „Cabaret" (60% Polyacryl/Dralon, 30% Schurwolle, 10% Kid-Mohair, Lauflänge: ca. 60 m / 50 g), und 200 g graues (Nr. 34) Garn, Qual. „Alpia" (100% reine Schurwolle, Lauflänge: ca. 65 m / 50 g), von Hübner. INOX-Stricknadeln Nr. 4½ und 5. Rundstricknadel Nr. 4½.

Grundmuster: Glatt re. (Hinr. re. M., Rückr. li. M.).

Maschenprobe: 16 M. und 19 R. = 10 cm im Quadrat.

Bündchenmuster: 2 M. re., 2 M. li. im Wechsel.

Rückenteil: 74 (80) M. mit Nadeln Nr. 4½ in Blau anschl. und 8 cm im Bündchenmuster str. Dabei in der letzten R. gleichmäßig verteilt 10 M. zun. = 84 (90) M.
Weiter mit Nadeln Nr. 5 im Grundmuster gerade hochstr., 23 cm in senkrechten Streifen, dabei immer abwechselnd 3 M. in Blau und 3 M. in Grün str. Dann 6 R. in Blau über alle M. str.
Nun wie folgt weiterstr.: Über die ersten 42 (45) M. je 6 R. in Grau, Blau und Grau, dann 19 cm in senkrechten Streifen, jeweils abwechselnd 3 M. in Blau und 3 M. in Hellbraun und dann bis zum Schluß immer abwechselnd je 6 R. in Blau und 6 R. in Grau str., über die anderen 42 (45) M. je 6 R. in Hellbraun, Blau, Hellbraun und Blau str., dann 18 cm in senkrechten Streifen, jeweils abwechselnd 3 M. in Grau und 3 M. in Blau und dann bis zum Schluß immer abwechselnd je 6 R. in Blau und 6 R. in Grün str. Dabei die R. immer ganz durchstr. und in der Mitte die Fäden beim Farbwechsel miteinander verkreuzen.
In 75 cm Höhe alle M. gerade abk.

Vorderteil: Bis auf den Halsausschnitt wie das Rückenteil str.
In 65 cm Höhe für den Halsausschnitt die Arbeilt in der Mitte teilen und jede Hälfte für sich beenden. Dabei an der Halsausschnittkante in jeder 2. R. 9mal 2 M. abk.
In 75 cm Höhe die Schulterm. abk.

Ärmel: 40 M. mit Nadeln Nr. 4½ in Blau anschl. und 7 cm im Bündchenmuster str. Dabei in der letzten R. gleichmäßig verteilt 14 M. zun. = 54 M.
Weiter mit Nadeln Nr.5 im Grundmuster wie folgt str.: 20 cm in senkrechten Streifen, dabei immer abwechselnd 3 M. in Blau und 3 M. in Grün str., dann je 6 R. in Blau, Hellbraun und Blau str. und bis zum Schluß in senkrechten Streifen, dabei immer abwechselnd 3 M. in Blau und 3 M. in Grau str. Zugleich für die Ärmelschrägung beids. in jeder 6. R. 14mal 1 M. zun. = 82 M.
In 53 cm Höhe alle M. gerade abk.
Den 2. Ärmel ebenso str.

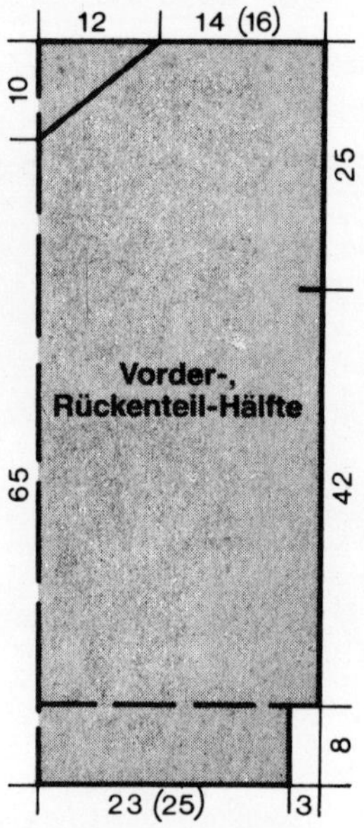

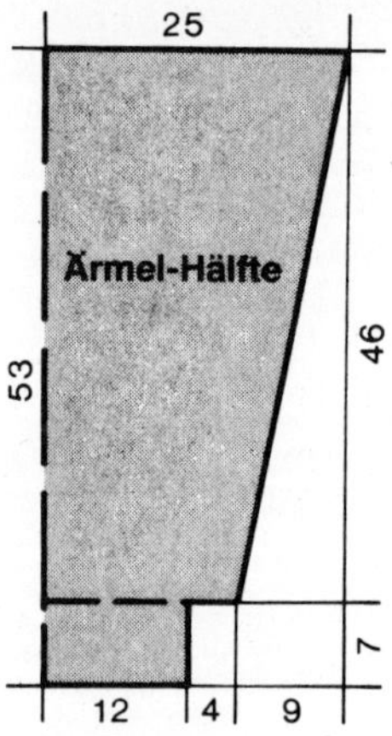

Ausarbeitung: Die Teile nach dem Schnitt spannen und unter feuchten Tüchern trocknen lassen.
Alle Nähte schließen und die Ärmel einnähen.
Für den Schalkragen aus dem rückw. Halsausschnitt 40 M. in Grau mit der Rundstricknadel aufn. und im Bündchenmuster str. Dabei am Ende jeder R. aus der schrägen Kante des vord. Halsausschnittes 2 M. dazu aufn. Wenn aus den vord. Kanten jeweils 22 M. aufgenommen wurden, muß man in der vord. Spitze angekommen sein. Nun noch 8 R. ohne Zunahmen str., dann alle M. locker abk. Den Kragen vorn übereinanderlegen und entlang der Halsausschnittkante annähen.

Handgestrickt bevorzugt…

Welcher Mann ließe sich nicht gern bestricken? Ein Traumpulli für alle, die es auch gerne mal sehr modisch mögen, ist dieses saloppe Modell mit Schalkragen. Durch die längs und quer verarbeiteten Streifen wirkt er sehr interessant. Zur sportlichen Aufmachung ist er die richtige Ergänzung.

Herrenpullover mit Passe

Größe: 46/48 und 50/52.

Die Angaben für Größe 50/52 stehen in Klammern, sofern sie von Größe 46/48 abweichen.

Material: 500 (550) g graue (Nr. 32), 100 g beigefb. (Nr. 77) und 50 g grüne (Nr. 74) Wolle von Schoeller, Qual. „Wollspaß" (100% Schurwolle, Lauflänge: ca. 115 m/50 g). INOX-Stricknadeln Nr. 3 und 3½, Rundstricknadel Nr. 3.

Grundmuster I: 1. R.: Re. M. str.
2. R.: ★ 1 M. re., 1 M. li., ab ★ laufend wiederholen.
Die 1. und 2. R. laufend wiederholen.

Maschenprobe I: 20 M. und 32 R. = 10 cm im Quadrat.

Grundmuster II: Glatt re. (Hinr. re. M., Rückr. li. M.).

Maschenprobe II: 20 M. und 27 R. = 10 cm im Quadrat.

Einstrickmuster: Siehe Schemazeichnung.

Bündchenmuster: 2 M. re., 2 M. li. im Wechsel.

Rückenteil: 90 (98) M. mit Nadeln Nr. 3 in Grau anschl. und 8 cm im Bündchenmuster str. Dabei in der letzten R. gleichmäßig verteilt 11 M. zun. = 101 (109) M. Weiter mit Nadeln Nr. 3½ im Grundmuster I gerade hochstr.
In 47 cm Höhe im Grundmuster II und das Einstrickmuster nach der Schemazeichnung str. Dabei das Muster von der Mittelm. her einteilen und zu den Seiten auslaufen lassen.
Wenn der Musterrapport in der Höhe 3mal gestr. ist, nur in Beige weiterstr.
In 65 cm Höhe für den Halsausschnitt die mittl. 34 M. gerade, beids. davon in jeder 2. R. noch 1mal 3 und 1mal 2 M. abk.
In 67 cm Höhe die Schulterm. abk.

Vorderteil: Bis auf den Halsausschnitt wie das Rückenteil str.
In 61 cm Höhe für den Halsausschnitt die mittl. 12 M. gerade, beids. davon in jeder 2. R. 1mal 4, 2mal 3, 2mal 2 und 2mal 1 M. abk.
In 67 cm Höhe die Schulterm. abk.

Ärmel: 46 M. mit Nadeln Nr. 3 in Grau anschl. und 6 cm im Bündchenmuster str. Dabei in der letzten R. gleichmäßig verteilt 12 M. zun. = 58 M.
Weiter mit Nadeln Nr. 3½ im Grundmuster I arbeiten. Dabei für die Ärmelschrägung beids. in jeder 8. R. 16mal 1 M. zun. = 90 M.
In 49 cm Höhe für die Armkugel beids. in jeder 2. R. 4mal 7 und die restl. M. gerade abk.
Den 2. Ärmel ebenso str.

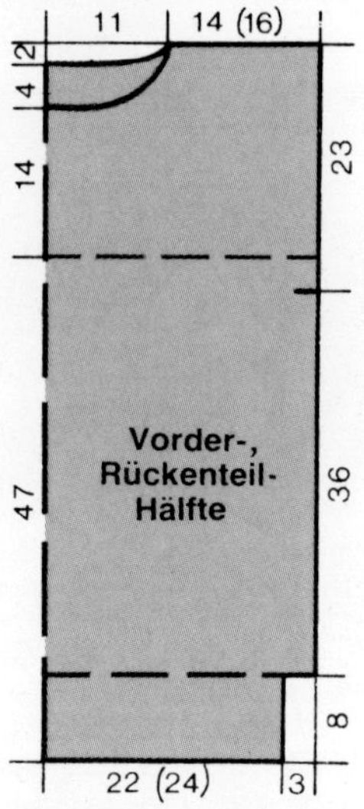

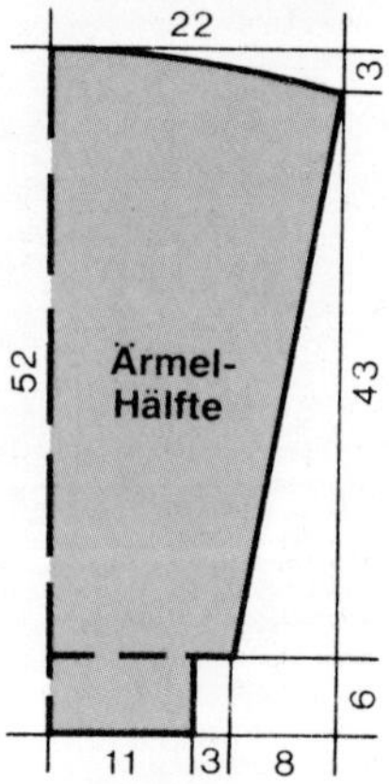

Ausarbeitung: Die Teile nach dem Schnitt spannen und unter feuchten Tüchern trocknen lassen.
Alle Nähte schließen und die Ärmel einnähen.
Aus dem Halsausschnitt ca. 120 M. in Beige mit der Rundstricknadel aufn. und 4 cm im Bündchenmuster anstr.

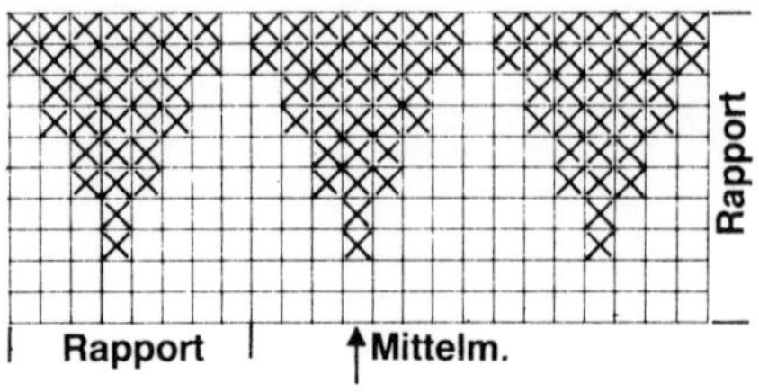

Schemazeichnung für das Einstrickmuster

☐ = Beige

☒ = Grün

Klassischer Freizeit-Look

Der Pulli mit den eingestrickten Dreiecken auf der Passe wird der Strickerin sicher ein dickes Lob einbringen. Das körnige Strickmuster des unteren Pulloverteils und der Ärmel kontrastiert ausgezeichnet zum glatt gestrickten Oberteil.

Herrenpullover mit Raglan- ärmeln

Größe: 52/54.

Material: 500 g braune (Nr. 44) und 50 g rostfb. (Nr. 29) Wolle von Esslinger, Qual. „Trockenwolle" (100% Schurwolle, Lauflänge: ca. 165 m/50 g). INOX-Stricknadeln Nr. 3 und 3½. 5 Knöpfe.

Grundmuster I: Glatt re. (Hinr. re. M., Rückr. li. M.).

Maschenprobe I: 25 M. und 33 R. = 10 cm im Quadrat.

Grundmuster II: M.-Zahl teilbar durch 4 plus 3 M.
1. R.: 3 M. li., ★ 1 M. mit 1 Umschlag li. abh., 3 M. li., ab ★ wiederholen.
2. R.: 3 M. re., ★ die abgehobene M. mit dem Umschlag zus. li. str., 3 M. re., ab ★ wiederholen.
3. bis 6. R.: Wie 1. und 2. R. str.
7. R.: 1 M. li., ★ 1 M. mit 1 Umschlag li. abh., 3 M. li., ab ★ wiederholen, enden mit: 1 M. mit 1 Umschlag li. abh., 1 M. li.
8. R.: 1 M. re., ★ die abgehobene M. mit dem Umschlag zus. li. str., 3 M. re., ab ★ wiederholen, enden mit: die abgehobene M. mit dem Umschlag zus. li. str., 1 M. re.
9. bis 12. R.: Wie 7. und 8. R. str.
Die 1. bis 12. R. laufend wiederholen.

Bündchenmuster: 1 M. re., 1 M. li. im Wechsel.

Rückenteil: 122 M. mit Nadeln Nr. 3 in Braun anschl. und 6 cm im Bündchenmuster str. Dabei in der letzten R. gleichmäßig verteilt 19 M. zun. = 141 M. Weiter mit Nadeln Nr. 3½ im Grundmuster I gerade hochstr.

In 23 cm Höhe mit dem Einstricken des rostfb. V-Streifens beginnen. Dafür in der 1. R. (= Hinr.) die Mittelm. in Rost str., die übrigen M. weiterhin in Braun. In der 2. R. die mittl. 3 M. in Rost, in der 3. R. die mittl. 5 M. in Rost, in der 4. R. die mittl. 7 M. in Rost und in der 5. R. die mittl. 9 M. in Rost str. Es wird mit mehreren Knäueln bearbeitet, und die Fäden werden beim Farbwechsel miteinander verkreuzt.
Nach diesen 5 R. wie folgt weiterstr.: **6. R.** (Rückr.): 65 M. li. in Braun, 5 M. li. in Rost, 1 M. re. in Braun, 5 M. li. in Rost und 65 M. li. in Braun. **7. R.:** 64 M. re. in Braun, 5 M. re. in Rost, 1 M. li., 1 M. mit 1 Umschlag li. abh., 1 M. li. in Braun str., 5 M. re. in Rost und 64 M. re. in Braun. **8. R.:** 63 M. li. in Braun, 5 M. li. in Rost, 2 M. re., die abgehobene M. mit dem Umschlag zus. li. str. und 2 M. re. in Braun str., 5 M. li. in Rost und 63 M. li. in Braun. In diesem Prinzip weiterstr., d. h., die 5 rostfb. M. beids. in jeder R. um 1 M. nach außen versetzen und die mittl. M. im Grundmuster II str. und diese in jeder R. beids. um 1 M. erweitern.

In 43 cm Höhe (nach 66 R. ab Beginn der rostfb. Spitze) die Raglanschrägungen wie folgt str.: Hinr.: die 5 braunen M. abk., die 5 rostfb. M. in Rost str., die folg. braunen M. im Grundmuster II in Braun str., die 5 rostfb. M. in Rost und die restl. 5 braunen M. abk. In allen Rückr. die M. mustergemäß und in den Farben str., wie sie erscheinen. Alle weiteren Hinr. wie folgt str.: 4 M. re. in Rost, die 5. rostf. M. re. abh., die 1. braune M. in Rost re. str. und die abgehobene M. überziehen, bis 6 M. vor dem Ende der R. in Braun im Grundmuster II str., die letzte braune M. und die 1. rostfb. M. in Rost re. zus.str., 4 M. re. in Rost. Diese Hinr. noch 41mal wiederholen.

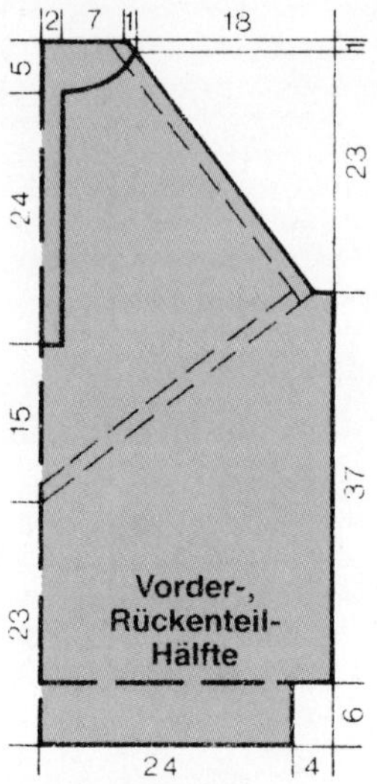

In 67 cm Höhe, es müssen jetzt noch 47 M. auf der Nadel sein, alle M. gerade abk.

Vorderteil: Bis auf den Halsausschnitt wie das Rückenteil str., jedoch für die Raglanschrägungen, nachdem beids. 5 M. abgenommen sind, nur noch 40mal 1 M. in jeder Hinr. beids. abn.
In 38 cm Höhe die mittl. 9 M. abk. und jede Seite für sich weiterstr.

In 62 cm Höhe für den Halsausschnitt 1mal 5, 3mal 3, 1mal 2 und 5mal 1 M. in jeder 2. R. abk.

Ärmel: 60 M. mit Nadeln Nr. 3 in Braun anschl. und 6 cm im Bündchenmuster str. Dabei in der letzten R. gleichmäßig verteilt 15 M. zun. = 75 M.
Weiter mit Nadeln Nr. 3½ im Grundmuster I str. Dabei für die Ärmelschrägung beids. in jeder 6. R. 21mal 1 M. zun. = 117 M.
Zugleich in 30 cm Höhe den rostfb. V-Streifen wie beim Rückenteil einstr. und ebenfalls in der Mitte im Grundmuster II str.
In 46 cm Höhe (nach insgesamt 54 R. ab Beginn des V-Streifens) für die Raglanschrägung **hinten** 1mal 5 M., dann in jeder 2. R. 42mal 1 M. abk. und für die Raglanschrägung **vorn** 1mal 5 M., dann in jeder 2. R. 40mal 1 M. abk.
Nach der letzten vord. Abnahme für den Halsausschnitt in jeder 2. R. noch 1mal 15 und 1mal 10 M. abk.
Den 2. Ärmel gegengleich str.

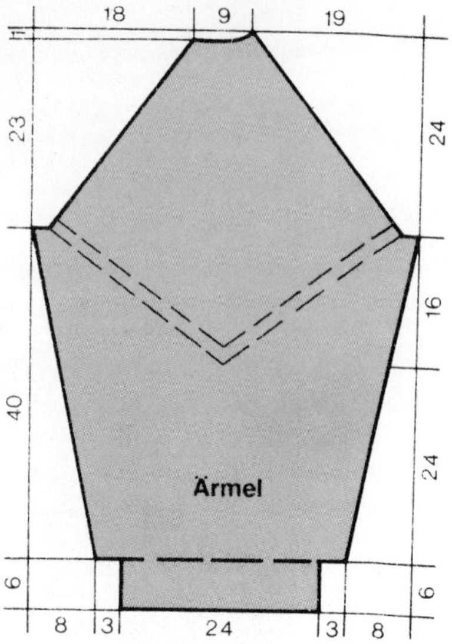

Ausarbeitung: Die Teile nach dem Schnitt spannen und unter feuchten Tüchern trocknen lassen.
Ärmel- und Seitennähte schließen, die Ärmel mit den Raglanschrägungen an Vorder- und Rückenteil nähen.
Aus dem Halsausschnitt mit Nadel Nr. 3 ca. 120 M. in Braun aufn. und 3 cm im Bündchenmuster anstr.
Aus den vord. Verschlußkanten und der Halsblende jeweils ca. 76 M. in Braun aufn. und 4 cm im Bündchenmuster anstr. Dabei an der li. Seite 5 Knopflöcher über je 3 M. einstr. Das 1. ca. 1,5 cm von der oberen Kante entfernt, die übrigen jeweils im Abstand von ca. 4 cm. Knöpfe annähen.

Ganz leger...

Farbige Streifen rahmen die plastisch gestrickte V-Passe und den Raglanärmel sichtbar ein. Vorne hat der Pullover den Schnitt eines Polohemdes. T-Shirts oder Hemden passen gut darunter und können noch weitere interessante Farbeffekte setzen.

Herrenpullover mit Reliefmusterstreifen

Größe: 50.

Material: 1000 g grüne (Nr. 6021) Wolle von Schachenmayr, Qual. „Folklore". Perl-INOX-Stricknadeln Nr. 4½ und 5½, kurze Rundstricknadel Nr. 4½.

Grundmuster I: Glatt li. (Hinr. li. M., Rückr. re. M.).

Maschenprobe II: 20 M. und 23 R. = 10 cm.

Bündchenmuster: 1 M. re., 1 M. li.

Rückenteil: 108 M. mit Nadeln Nr. 4½ anschl. und 8 cm im Bündchenmuster str. Dann mit Nadeln Nr. 5½ wie folgt weiterstr.: 6 M. Grundmuster, 1 M. re. verschränkt, 18 M. Karomuster, 1 M. re. verschränkt, 18 M. Flechtmuster, 1 M. re. verschränkt, 18 M. Fischgratmuster, 1 M. re. verschränkt, 18 M. Flechtmuster, 1 M. re. verschränkt, 18 M. Karomuster, 1 M. re. verschränkt, 6 M. Grundmuster. In 72 cm Höhe alle M. abk.

Vorderteil: Wie das Rückenteil str., jedoch in 68 cm Höhe alle M. gerade abk.

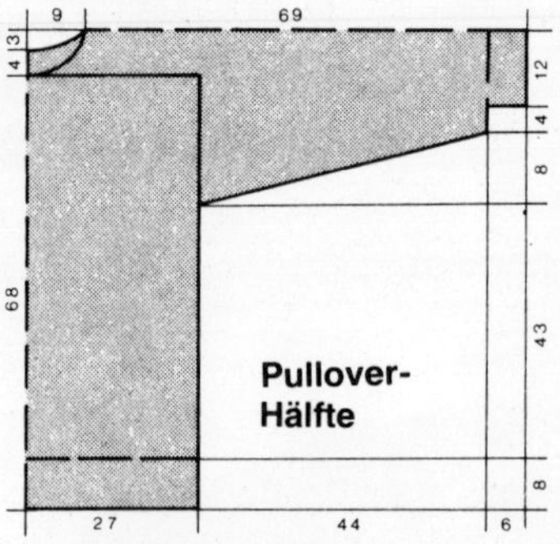

Ärmel: 48 M. mit Nadeln Nr. 4½ anschl. und 6 cm im Bündchenmuster str. Mit Nadeln Nr. 5½ weiterstr., dabei in der 1. R. verteilt 6 M. zun. (= 54 M.): 20 M. Grundmuster (= hinten), 1 M. re. verschränkt, 18 M. Fischgratmuster, 1 M. re. verschränkt, 14 M. Grundmuster (= vorne). Für die Ärmelschrägung beids. 14 x in jeder 6. R. 1 M. zun. (= 82 M.) in 50 cm Höhe 1 x 19 M. abk.m,die folg. 22 M. str. und 13 M. abk. Mit den 22 M. weiterstr. und in 69 cm Höhe 8 M. stillegen, mit den restl. 14 M. weiterstr., dabei innen in jeder 2. R. 2 x 4 und 2 x 2 und in jeder 4. R. 2 x 1 M. abk. Mit den stillgelegten M. weiterstr., dabei innen in jeder 2. R. 1 x 3, 3 x 1 und in jeder 4. R. 2 x 1 M. abk. Den 2. Ärmel gegengl. str.

Ausarbeitung: Teile nach dem Schnitt spannen und unter feuchten Tüchern trocknen lassen. Alle Nähte schließen. Aus dem Halsausschnitt M. mit der Rundstricknadel aufn. und im Bündchenmuster 8 cm anstr., zur Hälfte nach innen kippen und gegennähen.

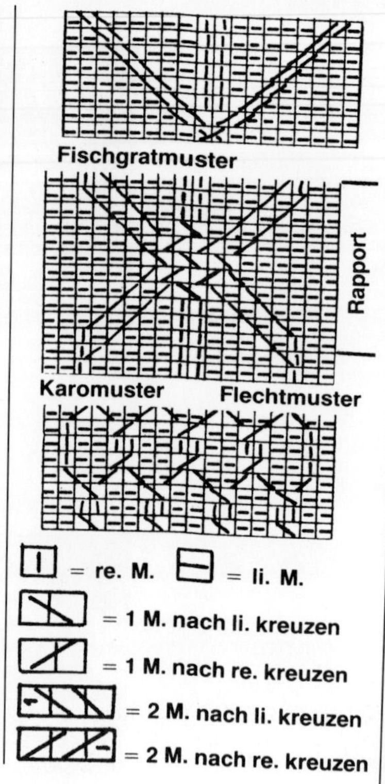

Herrenpullover mit farbigen Musterstreifen

Größe: 50.

Material: 350 g olivfb. (Nr. 62) und je 200 g blaues (Nr. 51), hellblaues (Nr. 39) und hellolivfb. (Nr. 64) und je 100 g naturfb. (Nr. 56) und rostfb. (Nr. 65) Garn von Esslinger, Qual. „Geisha". Perl-INOX-Stricknadeln Nr. 3½ und 4. Kurze Rundstricknadel Nr. 3½.

Grundmuster: Glatt re. (Hinr. re. M., Rückr. li. M.)

Musterstreifen: ★ 4 R. kraus re. (Hinr. re. M., Rückr. re. M.) in Oliv, 6 R. glatt re. in Helloliv, 4 R. kraus re. in Oliv, 6 R. 1 M. Natur, 1 M. Blau im Wechsel glatt re. str. und in jeder R. im Versatz str., 4 R. kraus re. in Oliv, 6 R. 1 M. Blau, 1 M. Rost im Wechsel glatt re. str. und in jeder R. im Versatz str., 4 R. kraus re. in Oliv, 7 R. 2 M. re., 2 M. li. in jeder 2. R. im Versatz in Hellblau str., ab ★ fortl. wiederh.

Maschenprobe: Musterstreifen: 22 M. und 30 R. = 10 cm.

Bündchenmuster: 2 M. re., 2 M. li. im Wechsel.

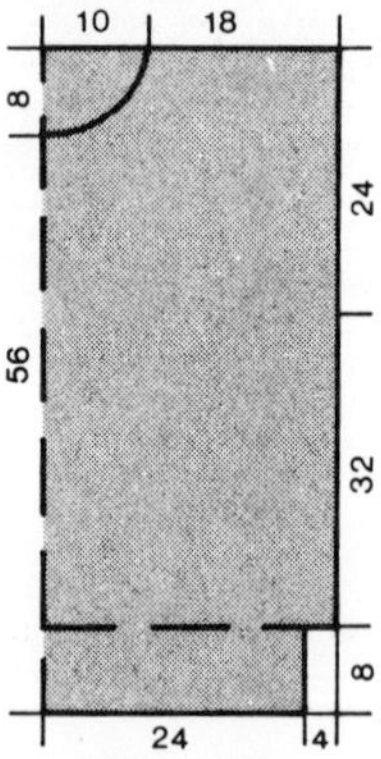

Vorder- und Rückenteil-Hälfte

Rückenteil: 106 M. in Oliv mit Nadeln Nr. 3½ anschl. und 8 cm im Bündchenmuster str. Dann nach dem Musterstreifen mit Nadeln Nr. 4 weiterstr. und in der 1. R. gleichmäßig verteilt 18 M. zun. (= 124 M.) Gerade hochstr. und in 68 cm Höhe alle M. gerade abk.

Vorderteil: 106 M. anschl. und wie beim Rückenteil beschrieben str. Jedoch in 56 cm Höhe die Arbeit in der Mitte teilen und jede Hälfte für sich beenden, und in jeder 2. R. 1 x 5, 2 x 3, 3 x 2 und 5 x 1 M. abk. Die restl. M. in 68 cm Höhe gerade abk. Die 2. Hälfte gegengl. str.

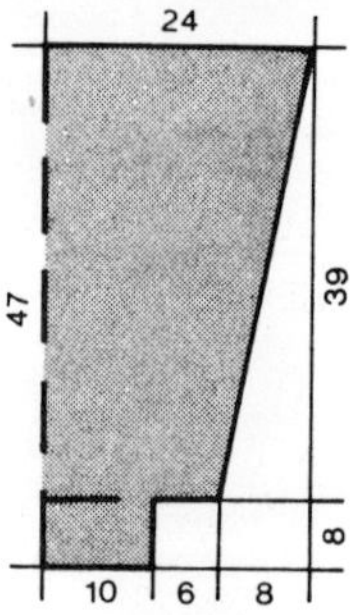

Ärmel-Hälfte

Ärmel: 50 M. in Oliv mit Nadeln Nr. 3½ anschl. und im Bündchenmuster 6 cm str. Dann mit Nadeln Nr. 4 nach dem Musterstreifen weiterstr., jedoch wie folgt beginnen: 4 R. kraus re. in Oliv, 6 R. 1 M. Blau, 1 M Rost im Wechsel glatt re. str. und in jeder R. im Versatz str. 4 R. kraus re. in Oliv, 7 R. 2 M. re., 2 M. li. in jeder 2. R. im Versatz in Hellblau str., dann nach dem Musterstreifen weiterstr. Dabei in der 1. R. gleichmäßig verteilt 26 M. zun. (= 76 M.). Für die Ärmelschrägung beids. 16 x in jeder 7. R. 1 M. zun. (= 108 M.) Den Ärmel mit 4 R. kraus re. in Oliv beenden.
In 47 cm Höhe alle M. gerade abk. Den 2. Ärmel gleich str.

Ausarbeitung: Teile nach dem Schnitt spannen und unter feuchten Tüchern trocknen lassen. Alle Nähte schließen. Aus dem Halsausschnitt in Oliv mit der Rundstricknadel M. aufn. und im Bündchenmuster 24 cm anstr.

△ Bei diesem sehr sportlichen Männerpullover überwiegen die alten bäuerlichen Strickmuster. Zwar sind sie etwas zeitaufwendig, aber die Mühe lohnt sich.

▽ Hier dürfen geübte Hände ihre Kunst zeigen. Der häufige Farbwechsel in den schönen Streifen wird viel Bewunderung ernten. Ein Pulli für viele Gelegenheiten, für Junge und Junggebliebene.

Herrenpullover mit aufgestickten Dreiecken

Größe: 50.

Material: 1000 g beigefb. (Nr. 73) und je 50 g graue (Nr. 49), taubenblaue (Nr. 65), blaue (Nr. 43) und camelhaarfb. (Nr. 5199) Wolle (100 % reine Schurwolle) von Schaffhauser, Qual. „Salvatore". Perl-INOX-Stricknadeln Nr. 3½ und 4.

Grundmuster I: M.-Anschl. teilbar durch 10. **1. R.:** re. str. **2. R.:** li. str. **3. R.:** 5 M. re., 5 M. li. im Wechsel. **4. und alle weiteren Rückr.:** li. str. **5. R.:** ★ 5 M. re., 4 M. li., 1 M. re., ab ★ wiederh. **7. R.:** ★ 5 M. re., 3 M. li., 2 M. re., ab ★ wiederh. **9. R.:** ★ 5 M. re., 2 M. li., 3 M. re., ab ★ wiederh. **11. R.:** ★ 5 M. re., 1 M. li., 4 M. re., ab ★ wiederh. **13. R.:** re. str. **15. R.:** li. str. **17. R.:** re. str. **19. R.:** ★ 3 M. li., 5 M. re., 2 M. li., ab ★ wiederh. **21. R.:** ★ 2 M. li., 6 M. re., 2 M. li., ab ★ wiederh. **23. R.:** ★ 1 M. li., 7 M. re., 2 M. li., ab ★ wiederh. **25. R.:** ★ 8 M. re.., 2 M. li., ab ★ wiederh. **27. R.:** ★ 8 M. re., 1 M. li., 1 M. re., ab ★ wiederh.
29. R.: re. str., **31. R.:** li. str. 1.–32. R. fortl. wiederh.

Grundmuster II: Glatt re. (Hinr. re. M., Rückr. li. M.).

Maschenprobe I: 22 M. und 32 R. = 10 cm.

Maschenprobe II: 22 M. und 28 R. = 10 cm.

Stickmotiv: Siehe Schemazeichnung. Ein Stich geht über 2 R. in der Höhe.

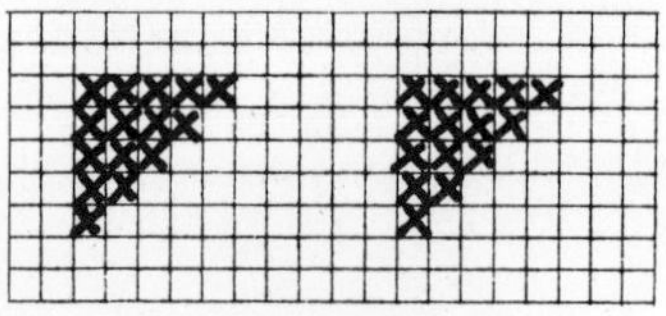

1 Kästchen = 2 Reihen

Bündchenmuster: 1 M. re., 1 M. li. im Wechsel.

Rückenteil: 120 M. mit Nadeln Nr. 3½ anschl. und 8 cm im Bündchenmuster str. Dann mit Nadeln Nr. 4 im Grundmuster I weiterstr. Dabei nach 8 Mustersätzen im Grundmuster II weiterstr. Dabei in 50 cm Höhe für die Armausschnitte beids. 1 x 15 M. abk. Gerade weiterstr. und in 72 cm Höhe für den Halsausschnitt die mittl. 30 M. gerade und beids. in jeder 2. R. 1 x 7, 1 x 5 und 1 x 4 M. abk. Gleichzeitig in 73 cm Höhe für die Schulter in jeder 2. R. 2 x 7 M. abk.

Vorderteil: Wie das Rückenteil str., jedoch in 50,5 cm Höhe die Arbeit in der Mitte teilen und weiterhin für den Halsausschnitt 30 x in jeder 2. R. und 1 x nach 4 R. 1 M. abk. Armausschnitt und Schulter wie hinten str. Die 2. Hälfte gegengl. str.

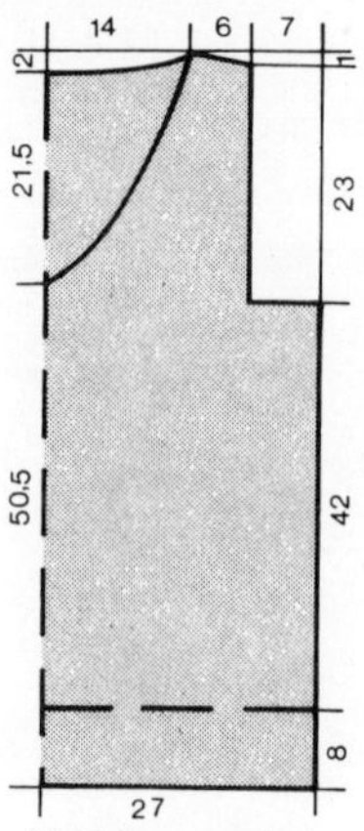

Vorder- und Rückenteil-Hälfte

Ärmel: 50 M. in Beige mit Nadeln Nr. 3½ anschl. und 7,5 cm im Bündchenmuster str., dann mit Nadeln Nr. 4 im Grundmuster I weiterstr., dabei in der 1. R. gleichmäßig verteilt 20 M. zun. (= 70 M.) Insges. 4 Mustersätze str., dann im Grundmuster II weiterstr. Dabei für die Ärmelschrägung ab Bündchen beids. 15 x in jeder 8. R. 1 M. zun. (= 100 M.) In 58 cm Höhe alle M. gerade abk. und den 2. Ärmel gleich str.

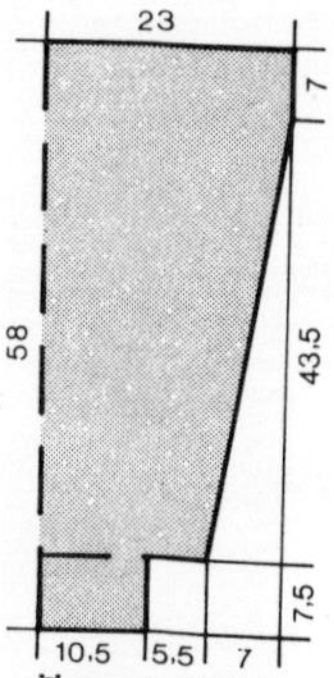

Ärmel-Hälfte

Ausarbeitung: Teile nach dem Schnitt spannen. Alle Nähte schließen. Aus dem Halsausschnitt von vord. Mitte bis vord. Mitte M. in Beige mit der Rundstricknadel aufn. und im Bündchenmuster 24 cm hochstr., zur Hälfte nach innen schlagen und gegennähen. Vorne die Blende übereinander nähen. Die Dreiecke im Maschenstich in den angegebenen Farben jeweils auf die re. M. des Grundmusters I sticken.

Herrenpullover im Ziegelsteinmuster

Größe: 48.

Material: 250 g braunes (Nr. 45) und je 100 g rostbraunes (Nr. 42), hellbraunes (Nr. 44), hellgraues (Nr. 47), beigefb. (Nr. 43) und camelhaarfb. (Nr. 41) Garn von Schaffhauser, Qual. „College". Perl-INOX-Stricknadeln Nr. 3 und 3½. Kurze Rundstricknadel Nr. 3.

Grundmuster: M.-Anschl. teilbar durch 4 plus 1 plus 2 Randm. **1. R.:** Braun, re. str. **2. R.:** Braun, li. str. **3.–6. R.:** Rost, glatt re. str. **7. R.:** Braun, 1 Randm., ★ in die 4 R. tiefer liegende braune M. einstechen und als re. M. abstr., die rostfb. R. lösen sich auf, 3 M. re., ab ★ wiederh., 1 Randm. **8. R.:** Braun, li. str. **9.–12. R.:** Camelhaar glatt re. str. **13. R.:** Braun, 1 Randm., 2 M. re., ★ in die untere, 4 R. tiefer liegende, braune M. einstechen und als re. M. abstr., die camelhaarfb. R. lösen sich auf, 3 M. re., ab ★ wiederh., 1 Randm. **14. R.:** Braun, li. str. 3.–14. R. fortlaufend wiederholen.

Maschenprobe: 21 M. und 38 R. = 10 cm.

Farbfolge: 2 R. Braun, 4 R. Rost, 2 R. Braun, 4 R. Camelhaar, 2 R. Braun, 4 R. Hellgrau, 2 R. Braun, 4 R. Beige, 2 R. Braun, 4 R. Hellbraun, ab ★ fortl. wiederholen.

Bündchenmuster: 1 M. re., 1 M. li im Wechsel.

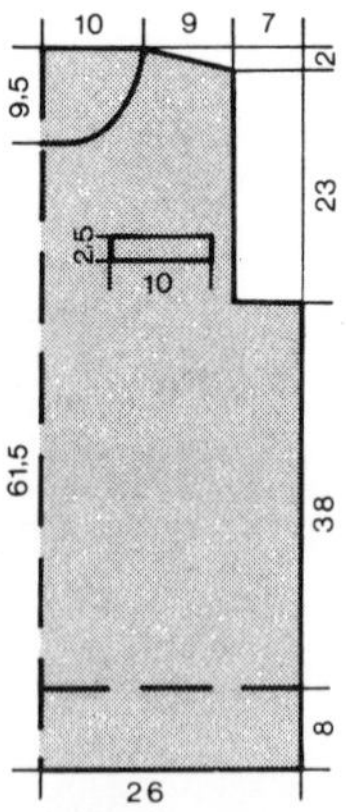

Vorder- und Rückenteil-Hälfte

Rückenteil: 111 M. in Braun mit Nadeln Nr. 3 anschl. und 8 cm im Bündchenmuster str. Dann im Grundmuster nach der Farbfolge mit Nadeln Nr. 3½ weiterstr. Dabei in 46 cm Höhe für die Armausschnitte beids. 1 x 15 M. gerade abk. Gerade weiterstr. und in 69 cm Höhe für die Schultern beids. in jeder 2. R. 3 x 5 und 1 x 4 M. abk. Die restl. M. abk.

Vorderteil: Wie das Rückenteil str., jedoch in 50 cm Höhe für die Tasche von der seitl. Kante aus in der Hinr. 5 M. str. und die folg. 21 M. stillegen (darauf achten, daß die M. nach 2 R. Braun stillgelegt werden). Für den Taschenbeutel 21 M. in Braun anschl. und ca. 8 cm glatt re. str. Dann die Taschenbeutelm. statt der stillgelegten M. in Arbeit nehmen und weiterstr. Dabei in 61,5 cm Höhe für den Halsausschnitt die mittl. 13 M. abk., dann in jeder 2. R. 1 x 5, 1 x 3, 2 x 2 und 3 x 1 M. abk. Die Schulter wie hinten str. Die 2. Hälfte gegengl. str.

Ärmel: 50 M. in Braun mit Nadeln Nr. 3 anschl. und 8 cm im Bündchenmuster str., dann mit Nadeln Nr. 3½ im Grundmuster nach der Farbfolge weiterstr., dabei in der 1. R. gleichmäßig verteilt 20 M. zun. (= 70 M.), für die Seitenschrägung beids. 14 x in jeder 11. R. 1 M. zun. (= 98 M.). In 57 cm Höhe alle M. gerade abk. Den 2. Ärmel gleich str.

Ausarbeitung: Teile nach dem Schnitt spannen. Alle Nähte schließen. Aus dem Halsausschnitt ca. 98 M. in Braun aufn. und mit der Rundstricknadel Nr. 3 im Bündchenmuster 9 cm anstr. Zur Hälfte nach innen kippen und gegennähen. Die stillgelegten Taschenm. wieder in Arbeit nehmen und 2,5 cm in Braun im Bündchenmuster anstr. Taschenbeutel innen gegennähen.

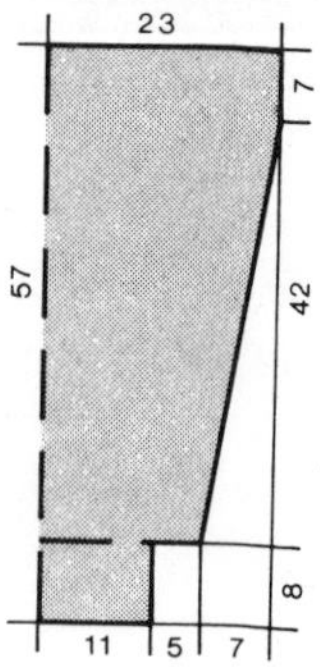

Ärmel-Hälfte

Schlichte Eleganz

Bei diesem legeren Pullover mit üppigem Schalkragen bestehen die Dreiecke aus einem einfachen Rechts-links-Muster. Die glatt rechts gestrickten Dreiecke werden später mit Maschenstich farbig bestickt.
Das lustige Ziegelsteinmuster des zweiten Pullovers entsteht durch hochgezogene Maschen und ist ganz einfach zu arbeiten. Vielleicht lassen Sie den späteren glücklichen Besitzer bei der Farbauswahl ein wenig von seinen Lieblingsnuancen berichten?

Gestreifte Herrenjacke

Größe: 50/52 und 54/56.
Die Angaben für Größe 54/56 stehen in Klammern, sofern sie von Größe 50/52 abweichen.

Material: Je 350 (400) g grünes (Nr. 9), braunes (Nr. 7) und hellbraunes (Nr. 8) und 200 g naturfb. (Nr. 1) Garn mit Tweedeffekt von Hübner (mit Bayer-Textilfaser), Qual. „Cabaret" (60% Polyacryl/Dralon, 30% Schurwolle, 10% Kid-Mohair, Lauflänge: ca. 60 m / 50 g). INOX-Stricknadeln Nr. 5. 5 Knöpfe.

Grundmuster: Halbpatent: M.-Anschlag teilbar durch 2.
1. R. (Hinr.): Randm., ★ 1 M. re., 1 M. li., ab ★ wiederholen, Randm.
2. R. (Rückr.): Randm., ★ 1 M. re., die folg. M. mit 1 Umschlag li. abh., ab ★ wiederholen, Randm.
3. R.: Randm., ★ die abgehobene M. mit dem Umschlag zus. re. str., 1 M. li., ab ★ wiederholen, Randm.
Die 2. und 3. R. laufend wiederholen.

Maschenprobe: 14 M. und 24 R. = 10 cm im Quadrat.

Streifenfolge: ★ 10 R. in Grün, 2 R. in Natur, 10 R. in Hellbraun, 2 R. in Natur, 10 R. in Braun, 2 R. in Natur, ab ★ wiederholen.

Rückenteil: 78 (80) M. in Grün anschl. und im Grundmuster und nach der Streifenfolge gerade hochstr.
In 56 cm Höhe für die Raglanschrägung beids. in jeder 2. R. 28mal 1 (29mal 1) M. abk.
Anschließend die restl. M. gerade abk.

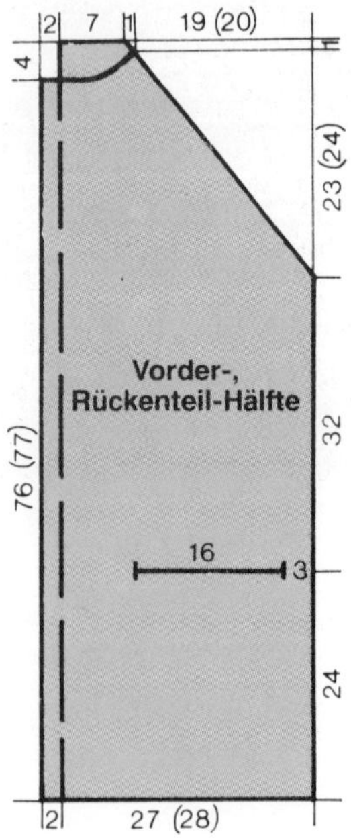

Rechte Vorderteil-Hälfte: 42 (44) M. in Grün anschl. und im Grundmuster und nach der Streifenfolge gerade hochstr. in 24 cm Höhe (nach 1 naturfb. R.) für die Tasche in der folg. R. die 6. bis 27. M. (= 22 M.), von der Seitenkante aus gezählt, abk.
Für den Taschenbeutel 24 M. in Braun anschl. und 30 cm glatt re. (Hinr. re. M., Rückr. li. M.) gerade hochstr., dann beids je 1 M. abk.
Nun die M. des Taschenbeutels statt der stillgelegten M. in die Arbeit einfügen und im Grundmuster und den fortlaufenden Streifen weiterstr.
In 56 cm Höhe für die Raglanschrägung in jeder 2. R. 27mal 1 (28mal 1) M. abk. Zugleich in 76 (77) cm Höhe für den Halsausschnitt 1mal 8 (1mal 9) M., dann in jeder 2. R. noch 1mal 4, 1mal 2 und 1mal 1 M. abk.
Die **linke Vorderteil-Hälfte** gegengleich str., jedoch 5 Knopflöcher über die 5. und 6. M. von der vord. Kante aus einstr. Das 1. ca. 16 cm von der unteren Kante entfernt, die übrigen jeweils im Abstand von ca. 14 cm.

Ärmel: 30 (32) M. in Hellbraun anschl. und 10 R. im Grundmuster str. Die folg. 2 R. in Natur str., dabei in der 1. R. gleichmäßig verteilt 16 M. zun. = 46 (48) M. Weiter im Grundmuster 10 R. in Braun, 2 R. in Natur und dann nach der Streifenfolge str. Dabei für die Ärmelschrägung beids. nach jeweils 5 cm 8mal 1 M. zun. = 62 (64) M.
In 50 cm Höhe für die Raglanschrägung **hinten** in jeder 2. R. 28mal 1 (29mal 1) M. abk. und für die Raglanschrägung **vorn** in jeder 2. R. 27mal 1 (28mal 1) M. abk. Nach der letzten vord. Abnahme in der folg. 2. R. 1mal 7 M. abk.
Den 2. Ärmel gegengleich str.

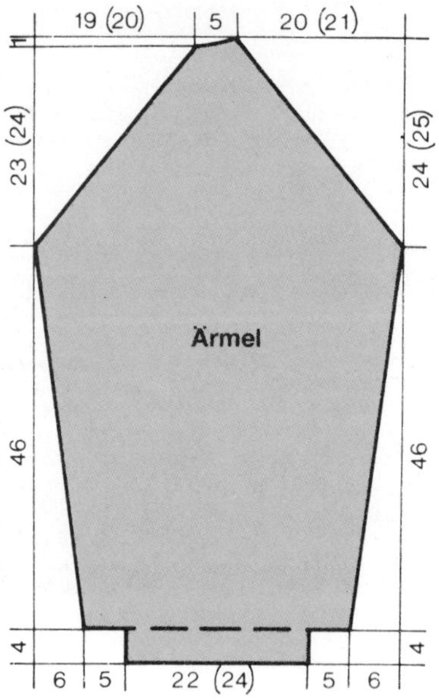

Ausarbeitung: Die Teile nach dem Schnitt spannen und unter feuchten Tüchern trocknen lassen.
Alle Nähte schließen und die Ärmel mit den Raglanschrägungen an Vorder- und Rückenteil nähen.
Die Taschenbeutel zur Hälfte umschlagen und von innen an die Abkettkante nähen. Die seitl. Nähte schließen.
Aus dem Halsausschnitt ca. 62 M. in Braun aufn. und 10 R. im Grundmuster anstr. M. locker abk. Knöpfe annähen.

Immer bequem – die weite Jacke

Trägt Ihr Liebster am liebsten Jacken? Stricken Sie ihm eine in schönen, klassischen Farben. Das Rippenmuster mit den farbigen Querstreifen in unterschiedlichen Breiten geht schnell von der Hand. Da haben auch ungeübte Strickerinnen wirklich keine Probleme.

DER STRICKKURS

Aller Anfang ist leicht ...

... möchte man fast sagen. Selbst wenn Sie bisher nur die gestrickten Kunstwerke Ihrer Freundinnen bewundert haben, hier können Sie das nötige *know how* ganz leicht und schnell erwerben. Linke Maschen, rechte Maschen, aufnehmen der Grundmaschenreihe und nach dem Stricken das Abketten – das wär's schon. Damit können Sie schon stricken. Wie man, um einen Pullover zu bekommen, die Teile breiter oder schmaler werden läßt, also zunimmt bzw. abnimmt, wie man Kragen, Knopflöcher und andere Extras strickt, das und viel, viel mehr ist in Wort und Bild im bewährten „Schritt für Schritt-Verfahren" erklärt. Wir lassen Sie mit keiner Frage allein.

Natürlich werden Sie auf Dauer nicht nur die raffiniert schlichten Modelle, die überwiegend nur von der Farbe leben, interessieren. Das Besondere eines Schnittes oder später auch ausgefallene Jacquardmuster werden Sie in ihren Bann ziehen.

Das Geheimnis aller großen Meisterinnen der klappernden Nadeln liegt einfach darin: Sie haben irgendwann einmal angefangen. Im Anfangen liegt der Grundstein zum Erfolg. Von Mal zu Mal werden Sie sicherer. Neues kommt hinzu, und in kurzer Zeit – Sie werden es erleben – legen auch Sie mit einem Topmodell Ihre Meisterprüfung ab. Unser Lehrgang wird Ihnen dabei spielend all das vermitteln, was an „technischem" Rüstzeug nötig ist.

Stichwortübersicht

Nadeln

Es gibt Nadeln aus verschiedenen Materialien. Sie können wählen zwischen Aluminium, Plastik und Holz. Die Größe gibt in Millimetern den Durchmesser an – je größer also die Zahl, desto dicker die Nadel. Stärke und Länge sollten immer im richtigen Verhältnis zum Garn und zum Strickteil stehen.

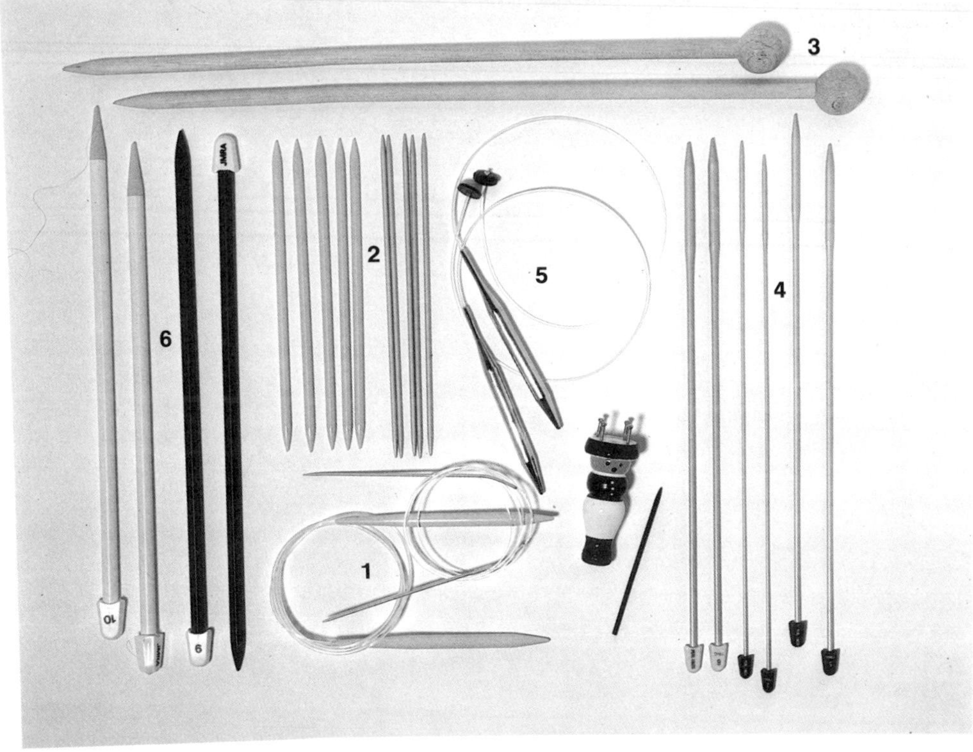

1. Rundstricknadeln
bestehen aus zwei Aluminium- oder Nickelspitzen, die durch ein elastisches Nylon- oder Perlonseil verbunden sind.
Sie brauchen Rundstricknadeln zum Stricken von Mützen, Röcken oder auch Pullovern, die keine Naht haben sollen. Sie können natürlich auch gerade Teile mit einer Rundstricknadel stricken.
Am Ende einer Reihe wenden Sie die Arbeit wie beim Stricken mit Stricknadeln.
Rundstricknadeln haben den Vorteil, daß Ihnen die Arbeit immer locker an der elastischen Schnur im Schoß liegt, also das Gewicht der Arbeit nicht nur von den Armen getragen wird.
Sie bekommen Rundstricknadeln von Stärke 2–7 in 40, 60, 70 und 100 cm Länge. Stärke 2–10 in 80 cm Länge, Stärke 2–5 in 50, 90, 120 und 150 cm Länge.

2. Nadelspiel
besteht immer aus fünf Nadeln. Sie brauchen ein Nadelspiel zum Stricken von Strümpfen (deshalb werden die fünf Nadeln auch oft Strumpfstricknadeln genannt), Handschuhen und Mützen. Immer dann, wenn eine Rundstricknadel zu lang ist für die Strickerei, benutzt man ein Nadelspiel. Auf vier Nadeln werden die Maschen gleichmäßig verteilt, mit der fünften Nadel werden die Maschen abgestrickt.
Sie können ein Nadelspiel in den Stärken $1^1/_4$–$5^1/_2$ vernickelt, in den Stärken von 2–8 in Plastik kaufen. Die Nadeln sind 21 cm lang.

3. Holznadeln
können Sie jetzt wieder kaufen. Auch die ersten Stricknadeln waren wahrscheinlich aus Holz. Im Laufe der Zeit sind jedoch andere Materialien auf den Markt gekommen. Seit einigen Jahren werden wieder Holzstricknadeln angeboten, jedoch nur in den großen Stärken. Sie sind auch mehr dekorativ als praktisch. Bedenken Sie das enorme Gewicht von Material und Nadeln, das Sie beim Stricken immer bewegen müssen.

4. Schnellstricknadeln
haben eine Länge von 30 oder 35 cm, sind aus Aluminium und perlgrau beschichtet. Sie haben vorne eine abgerundete Spitze, verdicken sich dann bis zur angegebenen Stärke und verjüngen sich nach hinten. Am Ende der Nadel sitzt ein farbiger Plastikknopf, auf dem die Stärke der Nadel abzulesen ist. Jede Stärke hat ihre Farbe. Allerdings handhaben die Hersteller der Nadeln das unterschiedlich.
Da diese Nadeln relativ kurz sind, sollten Sie auch nur schmale Teile darauf stricken. Für große Teile wählen Sie dann:

5. Flexible Schnellstricknadeln
Sie sind in 50 cm Länge zu kaufen und haben eine perlgraue Spitze mit einem flexiblen Perlonschaft.
Das Gewicht Ihres Strickstückes belastet nicht die Arme, denn es liegt locker auf dem Schoß. Die Maschen lassen sich leicht auf dem Schaft bewegen und ermöglichen somit auch ein müheloses Ausmessen und Anhalten des Strickteils. Außerdem kann die angefangene Arbeit gut in einer Tasche verstaut werden.

6. Plastiknadeln
sind besonders geeignet für dicke Garne, Bänder oder Schnur.
Sie haben eine relativ spitze Spitze, werden dann dicker bis zur angegebenen Stärke, die bis zum Ende der Nadel gleichbleibt.
Der Nachteil ist, daß die Maschen nicht locker auf der Nadel liegen und das Abstricken mit Nachschieben verbunden ist.
Die Nadeln sind 30, 35 oder 40 cm lang und in den Stärken 2–10 und 12, 15, 20 und 25 zu kaufen.

Anschlagen

Jede Strickarbeit beginnt mit einem Maschenanschlag, den wir hier in verschiedenen Arten ausführlich beschreiben und in Foto und Zeichnung deutlich zeigen.

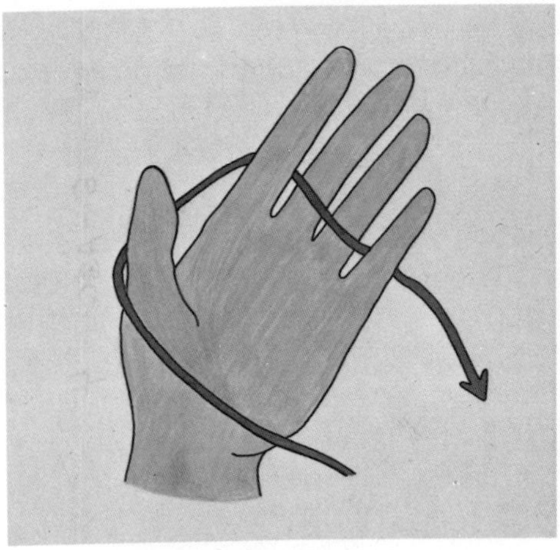

Der einfache Anschlag
Den Arbeitsfaden, wie in der Zeichnung ersichtlich, um den Daumen und Zeigefinger legen. Dabei kommt der Faden, der über dem Zeigefinger liegt, vom Knäuel (Pfeilrichtung in der Zeichnung), und das entsprechend lange Fadenende liegt über dem Daumen.
Damit das Fadenende nicht zu kurz ist, rechnet man pro anzuschlagende Masche 1–2 cm Fadenlänge. Bei dikkem Garn 2 cm, bei dünnem Garn 1–1,5 cm.

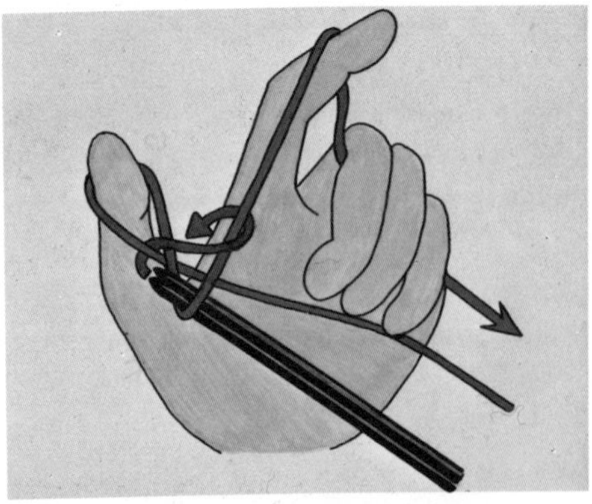

Den Faden, der zwischen Zeigefinger und Daumen liegt, mit 2 Nadeln (damit der Anschlag locker wird) von unten nach oben auffassen und nach vorne ziehen. Das ist die 1. Masche.

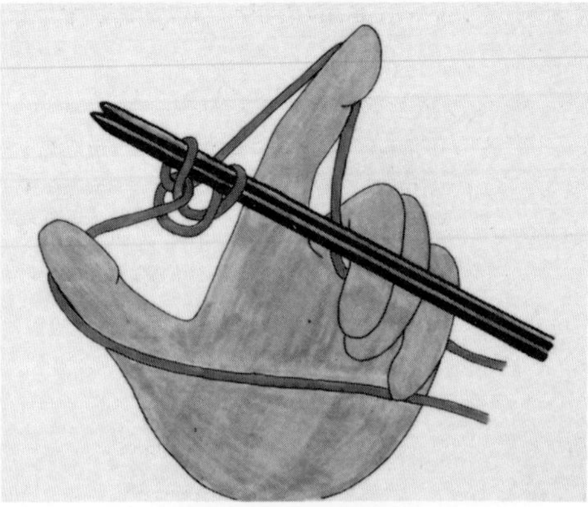

Nun mit den Nadeln der Pfeilrichtung folgen, den Daumen aus der Schlinge nehmen und den Faden mit dem Daumen wieder straffziehen. Die 2. Masche liegt auf der Nadel.

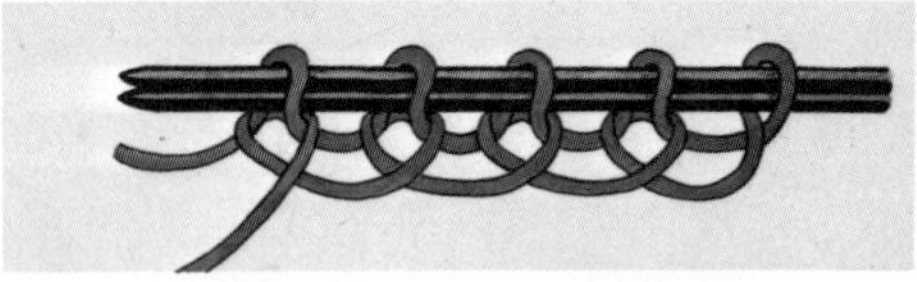

Diesen Vorgang – Schlinge in Pfeilrichtung durchholen, Daumen aus der Schlinge nehmen und straffziehen – so oft wiederholen, bis die erforderliche Anzahl von Maschen angeschlagen ist. Die angeschlagenen Maschen liegen locker auf beiden Nadeln. Zum Schluß 1 Nadel herausziehen und mit 1 Nadel weiterarbeiten. Die Maschen der 1. Reihe können so ohne Mühe abgestrickt werden.

Die Strickprobe zeigt die Anschlagkante bei einem glatt rechts gestrickten Grundmuster.

Die Strickprobe zeigt die Anschlagkante von der linken Seite, also beim glatt links gestrickten Muster.

Anwendung Alle Strickarbeiten können mit diesem Anschlag beginnen. Er kann auch mit 1 Nadel gearbeitet werden, dann wird der Anschlag etwas fester. Die 1. Reihe ist dabei nur etwas mühsamer zu stricken.

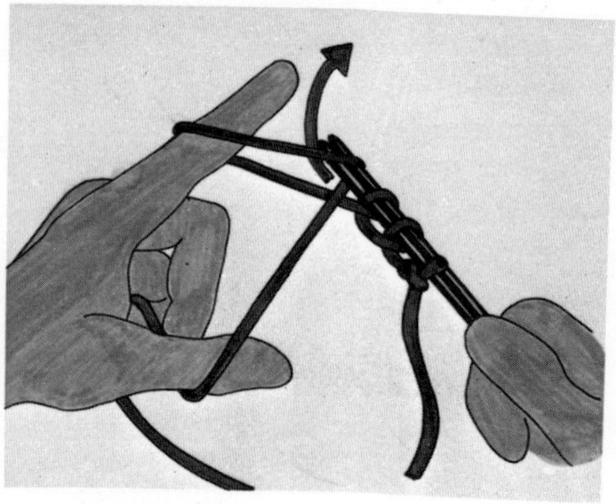

Maschen am Rand der Arbeit neu anschlagen
Soll die Maschenzahl am Ende einer Reihe um mehrere Maschen erweitert werden, so müssen Maschen neu angeschlagen werden.
Dafür den Arbeitsfaden um den linken Zeigefinger legen. Mit 2 Nadeln (zu der Nadel, auf der die Maschen liegen, eine 2. Nadel nehmen, damit der neue Maschenanschlag locker wird) die Schlinge von unten nach oben (Pfeilrichtung) auf die Nadeln nehmen.
Den Zeigefinger aus der Schlinge nehmen und den Faden straff anziehen. Den Faden wieder neu um den Zeigefinger legen und den Vorgang – Schlinge von unten auf die Nadel legen, Zeigefinger aus der Schlinge nehmen und Faden straff anziehen – so oft wiederholen, bis alle erforderlichen Maschen neu angeschlagen sind.

Anwendung Bei Pullover und Jakken, die in einem Stück gestrickt werden. Maschen werden dann, wie oben beschrieben (z. B. für Ärmel), neu angeschlagen.

Anschlagen

Der gestrickte Anschlag

Beim Maschenaufstricken beginnt man mit dem Fadenanfang. Die Länge des Anschlagfadens braucht also nicht ausgerechnet zu werden. Es wird nur kurz hinter dem Fadenanfang eine Schlinge gebildet. Schlinge auf die linke Nadel nehmen. Sie stellt die 1. Masche dar.
Den Faden, der vom Knäuel kommt, wie beim Stricken von rechten und linken Maschen um die Finger der linken Hand schlingen.

Die rechte Nadel nun von vorne in die Schlinge einstechen.

Den Faden holen, der vom Zeigefinger kommt. Durch die 1. Schlinge durchholen. Auf der rechten Nadel liegt die nächste Masche.

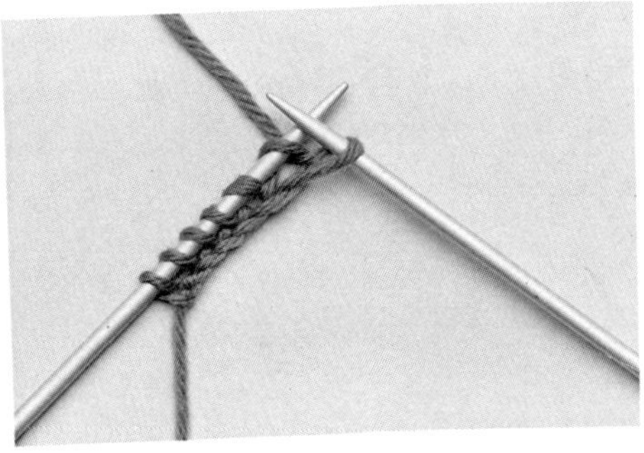

Diese Masche nun auf die linke Nadel legen.
Den Vorgang – die rechte Nadel von vorn in die letzte Masche der linken Nadel einstechen, Faden holen und durchziehen und die neue Masche von der rechten auf die linke Nadel legen – so oft wiederholen, bis die erforderliche Maschenzahl angeschlagen ist.
Es entsteht ein lockerer Maschenanschlag, bei dem die 1. Reihe ohne Mühe zu stricken ist.

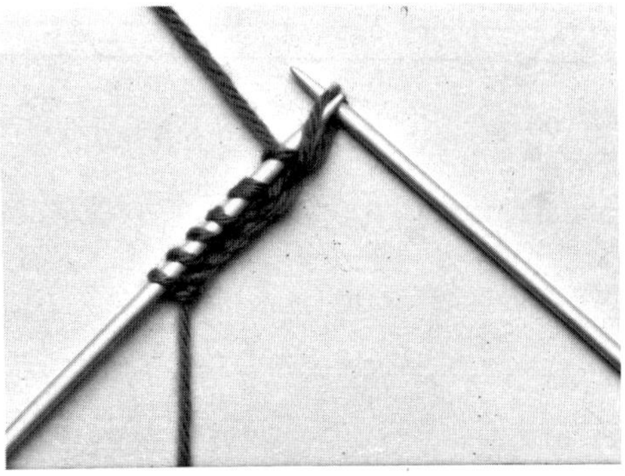

Die Strickprobe zeigt die Anschlagkante des gestrickten Anschlags beim glatt rechts gestrickten Muster.

Die Strickprobe zeigt die Anschlagkante des gestrickten Anschlags beim glatt links gestrickten Muster.

Anwendung Alle Strickarbeiten, bei denen ein sehr lockerer, elastischer Anschlag erforderlich ist oder an die nachträglich Bündchen oder Blenden angestrickt werden.

Der doppelte Anschlag

Die Länge des Anschlagfadens wie auf Seite 88 beschrieben, errechnen. Die Fadenlänge mit 2 multiplizieren. Den Faden zur Hälfte nehmen und, wie in der Zeichnung ersichtlich, um Daumen und Zeigefinger der linken Hand legen. Dabei kommt der in Pfeilrichtung gezeichnete Faden vom Knäuel. Für die Anfangsschlinge (=1. Masche) fassen die Nadeln von unten in die Schlinge, die über dem Daumen liegt. Nun den einfachen Faden, der über dem Zeigefinger liegt, in Pfeilrichtung durchholen. Den Daumen aus der Schlinge nehmen, die doppelten Fäden aufnehmen, Faden mit dem Daumen straffziehen.

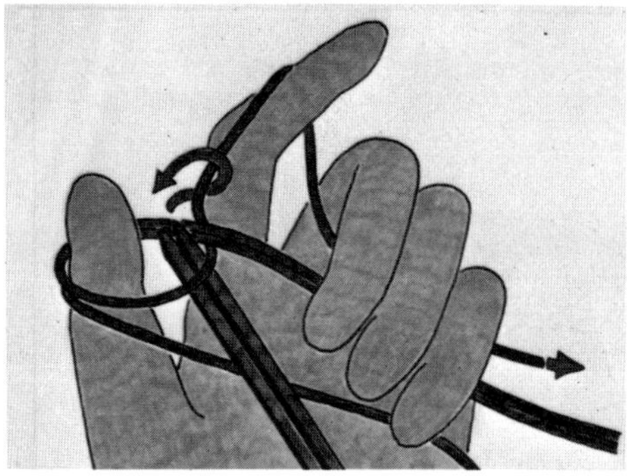

In Pfeilrichtung die folgenden Maschen anschlagen, bis die erforderliche Anschlagzahl erreicht ist.

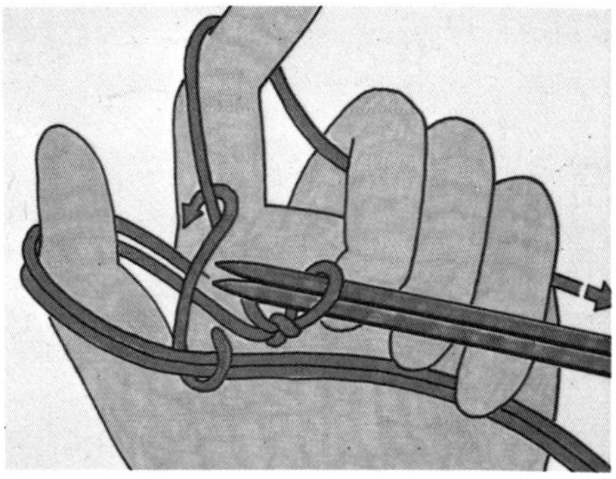

So liegen die Maschen auf der Nadel.

Anwendung Bei Stricksachen, deren Kanten einer besonderen Abnutzung ausgesetzt sind.

Grundmaschen

Es gibt zwei Grundmaschen, auf die jedes Strickmuster aufbaut: die rechte und die linke Masche. Sie entstehen durch die Verschlingung eines Fadens mit Hilfe zweier Nadeln und des Maschenanschlages. Die Zeichnungen und Erklärungen sagen Ihnen, wie die Grundmaschen gestrickt werden.

Die rechte Masche

Die rechte Masche entsteht aus dem Maschenanschlag. Die Anschlagmaschen liegen auf der linken Nadel, die alle mit der rechten Nadel nun wie folgt abgestrickt werden:

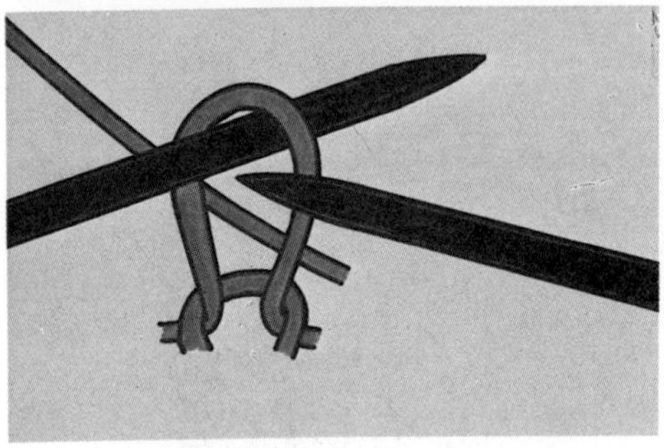

Die rechte Nadel von vorn in die Masche der linken Nadel führen. Der Arbeitsfaden, der auf dem linken Zeigefinger mitgeführt wird, liegt bei der rechten Masche immer hinter der Arbeit.

Diesen Faden nun mit der rechten Nadel durch die Masche der linken Nadel nach vorn holen.
Es liegt nun je 1 Schlinge auf der rechten und auf der linken Nadel. Die linke Nadel wird dann aus der Masche herausgezogen.
Es hat sich eine neue Masche gebildet, die als abgestrickt auf der rechten Nadel liegt.
Alle folgenden Maschen des Anschlags werden so abgestrickt.
Werden in der Hinreihe nur rechte Maschen gestrickt und in der Rückreihe nur linke Maschen, so spricht man von einem *glatt rechts* gestrickten Grundmuster.
Die Masche, die obenauf liegt, bezeichnet das Muster.

Die linke Masche

Wie bei der rechten Masche bildet auch hier der Maschenanschlag den Grundstock zum Stricken der linken Masche.
Bei der linken Masche liegt der Arbeitsfaden immer vor der Arbeit, das heißt: Beim Wenden nimmt man den Arbeitsfaden nach vorn. Er läuft vor der Arbeit.

Die rechte Nadel sticht von hinten in die Masche der linken Nadel. Die Masche und der Arbeitsfaden laufen parallel zueinander über die linke und rechte Nadel.

Nun den Arbeitsfaden mit der rechten Nadel von hinten nach vorn holen, der Faden muß so auf der Nadel liegen, wie die Zeichnung zeigt.
Den Faden, so wie er auf der Nadel liegt, durch die Masche der linken Nadel durchziehen. Auf der rechten und linken Nadel liegt 1 Schlinge. Die Masche der linken Nadel wird nun aufgelöst, indem man die linke Nadel einfach aus der Masche herauszieht. Die neue linke Masche liegt auf der rechten Nadel.

Alle folgenden linken Maschen werden so von der linken Nadel auf die rechte Nadel abgestrickt.
Werden in der Hinreihe nur linke Maschen gestrickt und in der Rückreihe nur rechte Maschen, so spricht man von einem *glatt links* gestrickten Grundmuster.
Die Masche, die obenauf liegt, bezeichnet das Muster.

Wichtig

Zu beachten ist, daß der Arbeitsfaden beim Durchholen nicht zu fest und nicht zu locker geführt und angezogen wird.
Es soll ein gleichmäßiges, glattes und elastisches Maschenbild entstehen, bei dem die Maschen nicht zu eng und ohne viel Zwischenraum nebeneinander stehen.

Reihen und Runden

Es gibt zwei verschiedene Strickarten: die offene, wobei Sie mit zwei Nadeln in Reihen stricken, und die geschlossene Strickart. Die geschlossene nennt man auch Rundstricken.

Reihen stricken
Es wird mit zwei Nadeln in Hin- und Rückreihen gestrickt.
Die Maschen liegen auf der linken Nadel und werden mit der rechten Nadel abgestrickt. Die Arbeit wird am Ende jeder Reihe gewendet und zurückgestrickt.

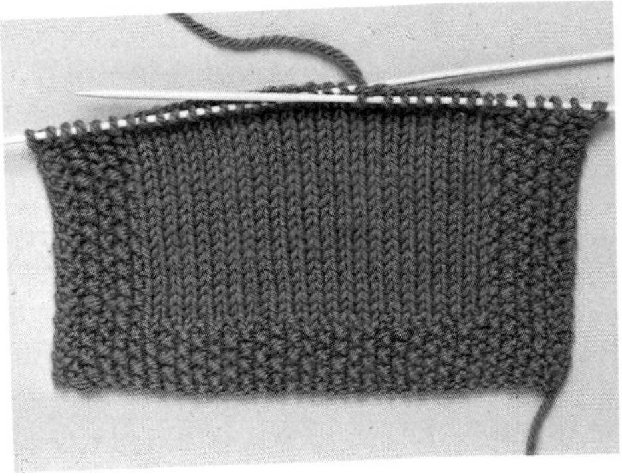

Sie können auch mit einer Rundstricknadel in Reihen stricken.
Das hat den Vorteil, besonders bei großen Strickteilen, daß Sie nicht das ganze Strickstück mitbewegen müssen.

Rundstricken
Beim Rundstricken, auch die geschlossene Strickart genannt, wird entweder mit einer Rundstricknadel oder mit einem Nadelspiel spiralförmig ohne Naht gearbeitet.

Mit Rundstricknadeln können Sie Pullover und Pullunder ohne Seitennähte bis zum Armausschnitt stricken. Sie können auch Bündchen und Rollkragen mit einer Rundstricknadel anstricken. Mützen werden mit Rundstricknadeln begonnen, da die Stricknadeln eines Nadelspiels für den Anfang zu kurz sind. Sie können auch Schals aus dünner Wolle in Runden stricken. Nachher wird der so entstandene Schlauch flachgebügelt.

Mit einem Nadelspiel, das aus fünf Nadeln besteht, werden Handschuhe und Strümpfe gestrickt. Deswegen werden diese Nadeln auch oft Strumpfstricknadeln genannt.
Die Anschlagmaschen werden auf vier Nadeln verteilt und zur Runde gelegt. Dabei muß man darauf achten, daß sich die Maschen nicht verdrehen. Dann strickt man mit der fünften Nadel die Maschen der ersten Nadel ab. Nun nimmt man die erste Nadel und strickt die Maschen der zweiten Nadel, usw.
Bei sehr kleinen Teilen, wie z. B. Daumen und Fingern bei Handschuhen, werden die Maschen auf drei Nadeln verteilt und mit der vierten abgestrickt.

Von der Mitte ausgehend können Sie flache Teile in Runden mit vier oder mehreren Nadeln stricken.
Man beginnt in der Mitte mit wenigen Maschen und mit drei Nadeln, mit einer vierten Nadel werden die Maschen abgestrickt.
Je nachdem wie Sie die Zunahmen arbeiten, entsteht ein rundes oder eckiges Teil. Wenn Sie gleichmäßig verteilt, z. B. an sechs Stellen übereinander zunehmen, entsteht ein Sechseck. Wenn Sie die Zunahmen jedoch immer versetzt verteilen, wird das Strickteil rund.

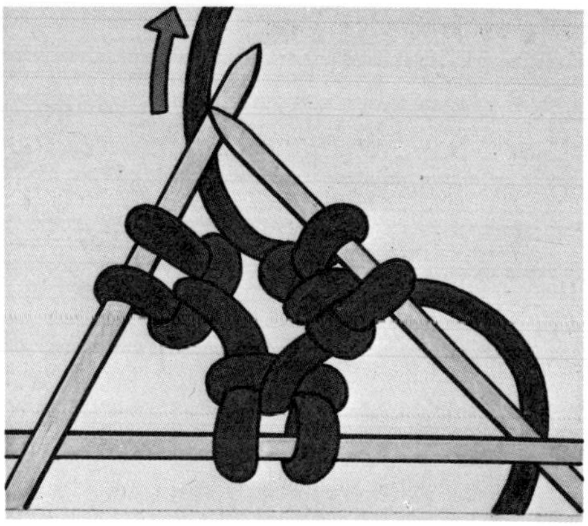

Die Anzahl der Zunahmen wird nach der Maschenprobe errechnet.
Sie können auf verschiedene Arten zunehmen.

Wenn Sie an den gleichen Stellen übereinander einen Umschlag arbeiten, entstehen gleichmäßig hochlaufende Lochreihen. Dabei werden die Umschläge nur in jeder zweiten Runde gearbeitet und in jeder folgenden Runde rechts abgestrickt. Wenn Sie Zunahmen ohne Lochbildung arbeiten wollen, stricken Sie Umschläge verschränkt ab.
Sie können je nach Muster auch eine Masche verschränkt aus dem Querfaden oder zwei Maschen aus einer Reihe herausstricken.
Wenn der Umfang des Strickteils größer wird, verteilen Sie die Maschen auf mehrere Nadeln. Große Teile, z. B. runde Tischdecken, stricken Sie am besten mit einer Rundstricknadel weiter.

Randmaschen

Strickteile, die in Hin- und Rückreihen gearbeitet werden, haben am Anfang und Ende der Reihe eine sogenannte Randmasche. Wir zeigen Ihnen verschiedene Möglichkeiten, diese Maschen zu stricken.

Die gebräuchlichsten Randbildungen sind: der Ketten-, der Knötchen- und der Nahtrand.
Ganz gleich, welchen Rand Sie arbeiten wollen, die Randmasche darf nicht zu locker gestrickt werden. Sie haben sonst später, trotz aller Mühe, keine schönen Nähte, weil die Maschen zu sehr nachgeben.
Die Randmaschen gehören nicht direkt zum Grundmuster. Wenn sie für das Muster erforderlich sind, werden sie extra angegeben.

Kettenrand
Beim Kettenrand sehen die Randmaschen aus wie eine Kette von rechts gestrickten Maschen.

Sie können diesen Rand in verschiedenen Arten arbeiten:
1. Am Anfang der rechts gestrickten Reihe wird die erste Masche wie zum Rechtsstricken abgehoben und die letzte Masche rechts gestrickt. Am Anfang der links gestrickten Reihe wird die erste Masche wie zum Linksstricken abgehoben und die letzte Masche links gestrickt.
2. Die letzte Masche einer Reihe wird nicht gestrickt, sondern wie zum Linksstricken abgehoben, der Faden liegt vor der Arbeit. Die erste Masche am Anfang der nächsten Reihe wird rechts verschränkt abgestrickt (die Stricknadel wird von der Seite aus in die Masche geführt und der dahinterliegende Arbeitsfaden durchgezogen).
3. In den Rechtsreihen werden die Anfangs- und Endmaschen abgehoben. Nach dem Wenden des Strickstückes liegt der Faden zwischen der ersten und der zweiten Masche. In den Linksreihen werden alle Maschen links gestrickt.
Der Kettenrand wird immer verwendet, wenn aus der Kante nachher Maschen aufgenommen werden und weitergestrickt werden sollen.

Nahtrand
Der Nahtrand ist von allen Rändern am einfachsten zu arbeiten.

In den rechten Reihen werden alle Maschen rechts, in den linken Reihen werden alle Maschen links gestrickt. Die Randmaschen unterscheiden sich deswegen nicht von den übrigen Maschen.
Dieser Rand wird z. B. bei Ausschnittschrägungen gearbeitet. Wenn Sie mit unelastischem Garn stricken, kann der Rand dadurch nicht zu stramm werden.

Knötchenrand
Der Knötchenrand kann in jedem Muster gearbeitet werden, wenn nachher keine Maschen aufgenommen werden sollen. Er wird auch immer dann gearbeitet, wenn die Naht nachher mit Zickzackstichen zusammengenäht wird.
Heben Sie die erste Masche jeder Reihe wie zum Rechtsstricken ab, der Arbeitsfaden liegt hinter der Nadel. Die letzte Masche jeder Reihe stricken Sie rechts ab. Dadurch entstehen am Rand kleine Knötchen.

Doppelter Knötchenrand
Die erste Masche jeder Reihe wird wie zum Rechtsstricken abgehoben, die zweite rechts gestrickt. Die letzten beiden Maschen jeder Reihe werden ebenfalls rechts gestrickt. So entsteht eine Knötchenkante über zwei Maschen. Diese Knötchen sind nachher in der Naht sichtbar.

Maschenprobe

Jede Strickarbeit soll mit einer Maschenprobe beginnen. Sie probieren dabei aus, in welchem Verhältnis die Nadelstärke zu dem gewählten Garn stehen soll. Das wichtigste ist jedoch, daß Sie nach dieser Probe Maschen- und Reihenzahl nach einem vorliegenden Schnitt errechnen. Wenn Sie dies sorgfältig erledigen, erhalten Sie eine Strickarbeit, die den vorliegenden Angaben genau entspricht.

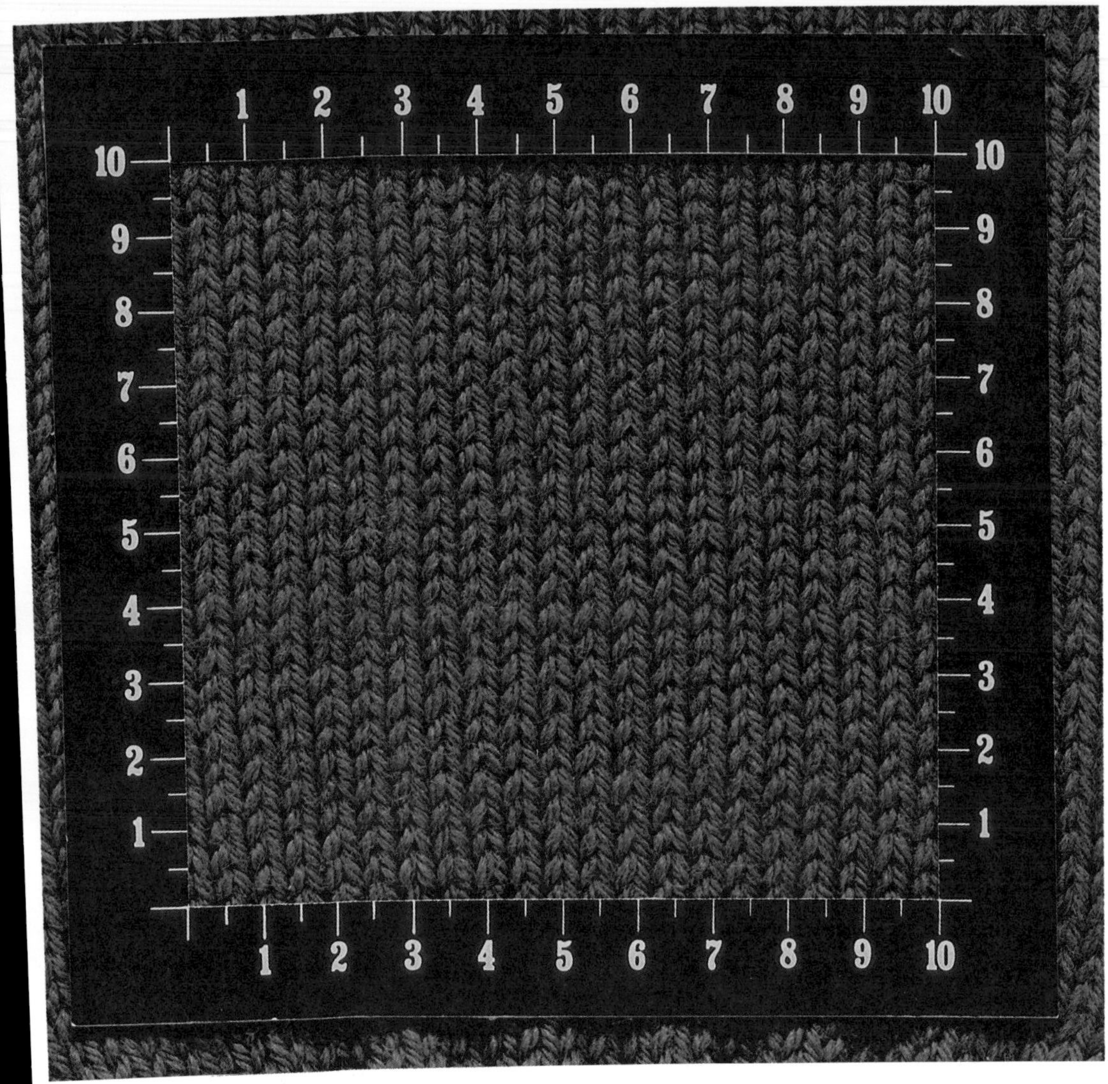

Den schwarzen Rahmen können Sie abpausen und auf einen festen Karton kleben. So können Sie immer leicht die Maschen und Reihen Ihrer Maschenprobe auszählen.

Ganz gleich, ob Sie nach einer vorliegenden Strickanleitung oder nach einem Schnitt Ihr Teil stricken, Sie müssen in jedem Fall vorher eine Maschenprobe anfertigen. Diese Maschenprobe muß identisch sein mit der in der vorliegenden Anleitung. Stricken Sie ohne Anleitung, nach Schnitt, müssen Sie an Hand der Maschenprobe die Anschlagmaschen und Zu- und Abnahmen errechnen.

Das Probestück

Stricken Sie mit dem ausgewählten Garn im Grundmuster und der zum Garn entsprechenden Nadelstärke ein Probestück. Dieses Probestück sollte mindestens 10 cm x 10 cm groß sein. Ideal sind 12 cm x 12 cm.
Stricken Sie dieses Probestück mit der Hand, so können Maschen und Reihen gleich ausgezählt werden. Maschinenstrickerinnen lassen ihr Probestück ca. 24 Stunden „ruhen".
Das Probestück legen Sie nun flach auf eine glatte Unterlage, spannen und dämpfen das Stück evtl. leicht, jedoch nur, wenn Sie Ihr fertiges Strickteil auch spannen und dämpfen.
Legen Sie nun ein Lineal oder unsere Schablone auf das Teil, und zählen Sie die Maschen in der Breite und die Reihen in der Höhe aus, die auf 10 cm entfallen. Notieren Sie die Zahlen.
Sind sie nicht identisch mit denen der Anleitung, so müssen Sie die Nadelstärke verändern.
Mit dem richtigen Ergebnis, z. B. bei unserer Maschenprobe von 20 Maschen und 27 Reihen, errechnen Sie zuerst Ihre Anschlagmaschen. Multiplizieren Sie dafür die anzuschlagende cm-Anzahl (z. B. 48 cm) mit $^1/_{10}$ der ausgezählten Maschen.

$$\frac{48 \cdot 20}{10} = 96$$

Bei einer Weite von 48 cm und 20 Maschen müssen Sie 96 Maschen anschlagen. Ebenso errechnen Sie alle Zunahmen, Abnahmen und Reihen.

Abketten

Maschen werden abgekettet, um die Arbeit zu beenden und ihr gleichzeitig einen festen Rand zu geben oder die Maschenzahl zu verringern, um z. B. einen Ausschnitt zu stricken. Wie rechte und linke Maschen abgekettet werden, zeigen unsere Beispiele auf dieser Seite.

Rechte Maschen abketten
1. Schritt: Dafür die Randmasche (=1. Masche oder innerhalb der Arbeit die 1. Masche, die abgekettet werden soll) rechts abstricken.
Die folgende Masche rechts stricken. Es liegen jetzt 2 Maschen auf der rechten Nadel.

2. Schritt: Die 1. abgestrickte Masche nun über die 2. abgestrickte Masche heben, so daß nun nur noch 1 Masche auf der rechten Nadel liegt.
Diesen Vorgang – Masche rechts stricken und die vorher gestrickte Masche überheben – wiederholen, bis die gewünschte Maschenzahl oder die gesamte Maschenzahl abgekettet ist.
Den Arbeitsfaden durch die letzte Masche ziehen und den Faden abschneiden.

Anwendung Wenn das Grundmuster glatt rechts gestrickt wird oder die Abkettkante gleichzeitig eine Nahtkante (z.B. alle Ausschnitte und die Schultern) ist, wird, wie oben beschrieben, abgekettet. Es entsteht eine flache, feste Kante.

Linke Maschen abketten
1. Schritt: Die Randmasche (=1. Masche der linken Nadel oder innerhalb der Arbeit die 1. Masche, die abgekettet werden soll) links abstricken und die folgende Masche links stricken. Es liegen nun 2 Maschen auf der rechten Nadel.

2. Schritt: Die 1. abgestrickte Masche nun über die 2. abgestrickte Masche heben, so daß nun nur noch 1 Masche auf der rechten Nadel liegt.
Diesen Vorgang – 1 Masche links stricken und die vorher gestrickte Masche überheben – wiederholen, bis die gewünschte Maschenzahl oder die gesamte Maschenzahl abgekettet ist.
Den Arbeitsfaden durch die letzte Masche ziehen und den Faden abschneiden.

Anwendung Wenn das Grundmuster glatt links gestrickt wird oder die Abkettkante gleichzeitig eine Nahtkante (z.B. alle Ausschnitte und die Schultern) ist, wird, wie oben beschrieben, abgekettet. Es entsteht eine feste, glatte Kante.

1 Masche rechts,
1 Masche links abketten
Die 1. und 2. Masche, so wie sie erscheinen (d.h. als rechte oder linke Masche abwechselnd), abstricken. Nun die 1. abgestrickte Masche über die 2. Masche ziehen, es liegt 1 Masche auf der Nadel. Die nächste Masche wieder stricken, so wie sie erscheint usw.
Es dürfen immer nur 2 Maschen auf der rechten Nadel liegen, und der Vorgang – Masche stricken, wie sie erscheint, und die 1. Masche überziehen – wird immer wiederholt, bis die gewünschte oder gesamte Maschenzahl abgekettet ist.

Anwendung Bei allen angestrickten Blenden und Bündchen, die im Bündchenmuster – 1 M. re., 1 M. li. – gestrickt werden.
Es entsteht ein loser, elastischer Abkettrand.

2 Maschen rechts
2 Maschen links abketten
Hierbei werden die Maschen auch gestrickt, wie sie erscheinen.
Der Vorgang – 1 Masche stricken, die nächste Masche stricken und die 1. Masche überziehen – wird immer wiederholt. Es liegen auch hier nur 2 Maschen auf der rechten Nadel, nach dem Überzug noch 1 Masche.
Soll der Abkettrand bei dieser Strickart etwas enger werden, so werden die beiden linken Maschen links zusammengestrickt und die rechten Maschen, wie beschrieben, übergezogen.

Anwendung Bei allen Blenden, Kragen und Bündchen, die im Bündchenmuster – 2 M. re., 2 M li. – gestrickt werden.

Zunehmen

Maschen werden zugenommen, wenn sich ein Strickteil ungleichmäßig oder auch gleichmäßig erweitern soll, um eine bestimmte Form anzunehmen. Auf dieser Seite beschreiben wir das Zunehmen von Maschen am Rand eines Strickteils.

Zunehmen von einer Masche am Rand eines Strickteils

Soll am Rand der Arbeit eine Masche zugenommen werden und dabei eine glatte Kante entstehen, so nimmt man diese Masche zwischen der Randmasche und der nächsten Masche der linken Nadel zu.
Heben Sie am Anfang der Reihe die Randmasche ab, und stricken Sie aus dem Querglied, das zwischen der Randmasche und den folgenden Maschen liegt, eine Masche heraus. Nehmen Sie dabei das Querglied auf die linke Stricknadel und stricken es nun als rechte Masche ab. Am Ende der Reihe stricken Sie die Maschen bis auf die letzte Masche = Randmasche und nehmen, wie oben beschrieben, eine Masche zu. Sollen diese Zunahmen beidseitig gearbeitet werden, so können sie am Anfang und Ende einer Reihe vorgenommen werden.

Zunehmen von mehreren Maschen am Rand eines Strickteils

Sollen am Rand eines Strickteils mehrere Maschen auf einmal zugenommen werden, so müssen diese Maschen immer am Ende einer Reihe mit dem Arbeitsfaden neu angeschlagen werden.
Dafür schlagen Sie den Arbeitsfaden, wie beim „Anschlagen“ von Maschen beschrieben, um den Finger der linken Hand und bilden mit der rechten Nadel neue Maschen. Liegt die Anzahl der Maschen, die Sie zunehmen müssen, als neu angeschlagene Maschen auf der rechten Nadel, so wird die Arbeit gewendet und die neu angeschlagenen Maschen im Grundmuster (bei unserem Strickteil im Perlmuster) abgestrickt.
Sollen die Maschen beidseitig zugenommen werden, so strickt man die Maschen bis zum Ende der Reihe und nimmt die erforderlichen Maschen zu.

Zunehmen

Wir beschreiben, wie eine Zunahme innerhalb eines Strickteils gearbeitet wird. Die Masche wird hier aus dem Querglied zweier Maschen verschränkt herausgestrickt.

Das Zunehmen einer Masche innerhalb der Arbeit durch Herausstricken
Bei dieser Zunahmemethode dient das Querglied, das zwischen zwei Maschen liegt, als Grundlage für eine neue Masche.
Dieses Querglied wird an der Stelle, an der die Zunahme gestrickt werden soll, mit der linken Nadel aufgefaßt. Mit der rechten Stricknadel kann das Querglied nun als neue Masche abgestrickt werden.
So entstehen keine Lücken und Löcher.
Sollen nur vereinzelt Maschen in einem Strickteil zugenommen werden, so wird diese Zunahme im Gestrick fast unsichtbar.

Zunahme beidseitig einer Mittelmasche
In unserem Strickteil wurde gleichmäßig (= in jeder 4. Reihe) beidseitig einer Mittelmasche je eine Masche zugenommen. Das Querglied liegt auf der linken Nadel, die rechte Nadel sticht von hinten (= verschränkt) in das Querglied und strickt dieses als neue, zugenommene Masche ab. Die Mittelmasche wird normal abgestrickt.
Die Maschen der Rückreihe (= linke Maschen) werden ohne Zunahmen gestrickt.

Anwendung Dreieckstücher können nach dieser Methode gestrickt werden. Sie bekommen so von Anfang an die Dreiecksform.

Einseitige Zunahme innerhalb der Arbeit
Bei diesem Strickteil wurde einseitig, jedoch gleichmäßig in jeder 4. Reihe, eine Masche zugenommen. Auch hier wird die neue Masche aus dem Querglied zweier Maschen verschränkt herausgestrickt.
Zur Verdeutlichung haben wir die zugenommenen Maschen glatt rechts gestrickt. Sie laufen nicht mehr rechtwinklig, sondern leicht nach außen abgeschrägt zu den kraus rechts gestrickten Maschen.

Anwendung Soll ein Schalkragen gleich mit dem Vorderteil in einem Arbeitsgang gestrickt werden, so entsteht der Schalkragen durch das Zunehmen von Maschen nach der oben beschriebenen Methode. Die Zunahmelinie kann zugleich Bruchlinie sein.

Zunehmen

Auch eine Masche innerhalb eines Strickteils kann die Grundlage für eine Zunahme bilden. Aus ihr können Sie nämlich eine zusätzliche Masche herausstricken. Und so gehen Sie vor:

An der Stelle, an der die Zunahme gestrickt werden soll, stechen Sie mit der rechten Stricknadel von *vorne* in die entsprechende Masche.

Holen Sie nun den Arbeitsfaden wie zum Rechtsstricken durch die Masche. Dann wird die Masche nicht von der linken Nadel genommen – sie bleibt als Grundlage für die nächste Masche noch auf der Nadel.

Nun sticht die rechte Nadel *hinten* in die noch auf der linken Nadel liegende Masche und holt den Arbeitsfaden durch.

Jetzt erst die Masche, aus der nun zwei Maschen herausgestrickt wurden, von der linken Nadel gleiten lassen.

Wichtig Man muß immer einmal vorne und einmal hinten in die Masche einstechen, sonst löst sich die 2. Masche auf.

Zunehmen

Die Zunahme entsteht diesmal durch einen Umschlag, der als rechte Masche oder als linke Masche verschränkt abgestrickt wird.

Hier wurde vor und hinter der Mittelmasche je eine Masche durch einen Umschlag zugenommen. Der Umschlag wird dann jeweils in der Rückreihe als zusätzliche Masche links abgestrickt. Diese Maschen bilden beidseitig der Mittelmasche eine Lochmusterreihe als zusätzliche Zierde im Gestrick.

Auch in dieser Strickprobe ist die Zunahme durch einen Umschlag entstanden. Jedoch wurde er diesmal in der Rückreihe als linke Masche verschränkt abgestrickt. Dadurch schließt sich dann die Lücke. Sollen im Gestrick vereinzelt Maschen zugenommen werden, wird nach dieser Methode gearbeitet.

Das Zunehmen von Maschen innerhalb der Arbeit durch einen Umschlag

Diese Zunahmemethode ist die leichteste, da der Umschlag beim Stricken einfach zusätzlich über die rechte Stricknadel gelegt wird.
In der Rückreihe kann nun dieser Umschlag auf zwei verschiedene Arten abgestrickt werden: Wird er als normale linke Masche abgestrickt, so entsteht ein Loch.
Strickt man diesen Umschlag jedoch verschränkt ab, so entsteht eine geschlossene Fläche.
An unseren beiden Strickproben ist dieser Unterschied deutlich zu erkennen.

Abnehmen

Man spricht beim Stricken von Abnehmen, wenn die Maschenzahl um eine, zwei oder drei Maschen verringert werden soll. Hier sehen Sie, wie Maschen innerhalb der Arbeit oder am Rand abgenommen werden.

Abnehmen innerhalb der Arbeit durch Überzug
An der entsprechenden Stelle die abzunehmende Masche von der linken auf die rechte Nadel heben. Die Nadel wie zum Stricken rechter Maschen einstechen.

Die folgende Masche nun rechts abstricken.

Jetzt die abgehobene Masche über die gestrickte Masche heben. Aus 2 Maschen wurde 1 Masche. Beim Maschenabnehmen durch Überzug in einem glatt gestrickten Grund laufen die Abnahmemaschen von rechts nach links.

Anwendung Abnahmen, die innerhalb der Arbeit gestrickt werden, wie z.B. bei rund gestrickten Mützen, Röcken und Rundpassen.

Abnehmen innerhalb der Arbeit durch Zusammenstricken
An der entsprechenden Stelle die rechte Nadel wie zum Stricken einer rechten Masche in die 2. und 1. Masche der linken Nadel von vorne einstechen, den Faden holen und durch beide Maschen ziehen. Aus 2 Maschen ist 1 Masche geworden.

Beim Zusammenstricken von 2 Maschen in einem glatt rechts gestrickten Grund laufen die Abnahmemaschen von links nach rechts.

Anwendung Abnahmen, die innerhalb der Arbeit gestrickt werden, wie z.B. bei rund gestrickten Mützen, Röcken und Rundpassen.

Abnehmen auf der linken Seite
Soll auch auf der Rückseite abgenommen werden, so wird über den Abnahmen durch Zusammenstricken

die Masche über der Abnahmemasche der Vorreihe links abgehoben, dabei liegt der Arbeitsfaden vorne. Die folgende Masche links stricken und die abgehobene Masche überziehen. Über der Abnahme durch Überzug strickt man die Masche vor und die der Abnahme links verschränkt zusammen.

Abnehmen am Rand
Am Anfang der Reihe: Die 1. Masche (=Randmasche) abheben oder rechts stricken. Die folgende Masche abheben, die nächste Masche rechts stricken. Die abgehobene Masche über die zuletzt gestrickte Masche ziehen.

Am Ende der Reihe: Die Maschen bis auf die 3 letzten Maschen stricken, die folgenden 2 Maschen rechts zusammenstricken. Die letzte Masche abheben oder rechts stricken.
Wird auch auf der linken Seite abgenommen, ist es ratsam, den Anweisungen „Abnehmen auf der linken Seite“ zu folgen.

Anwendung Bei Raglanschrägungen, V-Ausschnitten und Dreiecktüchern, die beidseitig gleichmäßige Abnahmen haben.

Zusammenstricken

Maschen werden zusammengestrickt, um die Maschenanzahl zu verringern oder um ein bestimmtes Strickmuster zu erzielen. Wir beschreiben wie zwei und drei Maschen rechts zusammengestrickt werden.

Zwei Maschen rechts zusammenstricken

An der Stelle, an der zwei Maschen zusammengestrickt werden sollen, sticht die rechte Nadel von vorne erst in die 2. und gleichzeitig in die 1. Masche der linken Nadel.

Den Arbeitsfaden holen und durch die zwei Maschen durchziehen.

Die beiden Maschen von der linken Nadel gleiten lassen.

Aus zwei Maschen ist nun nur eine Masche herausgestrickt worden, die Maschenzahl ist um eine Masche verringert.

Die zwei Maschen liegen dicht nebeneinander, wobei die 2. Masche leicht über der 1. Masche liegt.

Anwendung Gleichmäßige, dicht aufeinander folgende, aber auch vereinzelte, ungleichmäßige Abnahmen innerhalb eines Strickteils können so gestrickt werden.

Drei Maschen rechts zusammenstricken

An der Stelle, an der drei Maschen zusammengestrickt werden sollen, sticht die rechte Nadel von vorne erst in die 3., dann in die 2. und 1. Masche der linken Nadel.

Alle drei Maschen liegen auf der rechten und linken Nadel.

Der Arbeitsfaden wird nun um die rechte Nadel geschlungen und dann durch alle drei Maschen gezogen.

Die drei Maschen von der linken Nadel gleiten lassen.

Aus drei Maschen ist nur eine Masche herausgestrickt worden, die Maschenzahl ist um zwei Maschen verringert.

Die zusammengestrickten Maschen liegen gebündelt dicht nebeneinander.

Anwendung Gleichmäßige, dicht aufeinander folgende, aber auch vereinzelte, ungleichmäßige Abnahmen innerhalb eines Strickteils können so gestrickt werden. Die Abnahmestellen sind deutlich zu sehen.

Knopflöcher

Sie können Knopflöcher mit senkrechtem oder waagerechtem Schlitz oder auch als rundes Loch stricken. Die Form des Knopfloches ist abhängig von der Größe des Knopfes und der Knopfblende. Wir stellen Ihnen die wichtigsten Knopflochformen vor.

Das waagerechte Knopfloch
Das gebräuchlichste Knopfloch ist einfach zu stricken, und seine Größe ist durch das gerade Abketten von mehr oder weniger Maschen leicht zu bestimmen. Das Loch liegt in Strickrichtung (von rechts nach links), so daß es gleich mit eingestrickt werden kann.

Stricken Sie in der Hinreihe bis zu dem Punkt, an dem Ihr Knopfloch liegen soll; er ist entweder in dem vorliegenden Schnittschema eingezeichnet oder muß von Ihnen selbst bestimmt werden.
Die Größe des Knopfloches richtet sich nach der Größe Ihres Knopfes. Dieser Größe entsprechend werden nun Maschen abgekettet, d.h. die 1. Masche abheben, die nächste Masche stricken und die abgehobene Masche über die gestrickte Masche ziehen. Die nächste Masche stricken und die davorliegende Masche darüberziehen. Dies so oft wiederholen, bis das Knopfloch die erforderliche Größe hat.
Stricken Sie das Knopfloch etwas kleiner, da sich Strick immer ausdehnt.
In der nächsten Reihe (=Rückreihe) stricken Sie bis zu dem Punkt, an dem

das Loch beginnt, schlagen die Anzahl der abgeketteten Maschen wieder an und stricken die folgenden Maschen so wie sie erscheinen ab.

In der folgenden Hinreihe alle Maschen, auch die neu angeschlagenen, normal abstricken.

Das senkrechte Knopfloch
Es wird mit etwas mehr Aufwand gestrickt als das waagerechte Knopfloch. Man teilt die Arbeit dafür in ein schmales (=Blende) und breites Teil (Vorderteil-Hälfte) und strickt entweder mit 2 Knäueln beide Teile getrennt zugleich oder, wie unsere Fotos zeigen, jedes Teil für sich. Dieses Knopfloch fällt kaum auf, im Rippenmuster z. B. verschwindet es völlig. Man strickt das senkrechte Knopfloch bei Vorderteilen, die keine extra gestrickte oder eine schmale Blende haben. Das Knopfloch ist in Ihrem vorliegenden Schnittschema als senkrechter

Strich eingezeichnet. Arbeiten Sie ohne Schnitt, so müssen Sie seine Lage selbst bestimmen. Stricken Sie dann bis zu dem Punkt, an dem der Schlitz beginnen soll. Wir strickten kraus rechts (Hinreihe rechte, Rückreihe rechte Maschen). An Hand Ihrer Maschenprobe errechnen Sie die Maschen, die beidseitig vom Knopfloch liegen, und teilen Ihr Gestrick danach auf. Stricken Sie mit einem Teil der Maschen für sich weiter, bis die Höhe des Knopfloches erreicht ist.

Mit den restlichen, bis hierher stillgelegten Maschen stricken Sie nun auch bis zu diesem Punkt. Beide Teile müssen gleich hoch sein.

Nun stricken Sie mit dem zuletzt gebrauchten Arbeitsfaden weiter bis zum Schlitz (Foto) und stricken über den Schlitz hinweg rechte Maschen. Ganz normal weiterarbeiten, bis das nächste Knopfloch beginnt. Den abgeschnittenen Faden gut vernähen.

Knopflöcher

Ein kleiner Kugelknopf bekommt ein rundes Knopfloch, für einen flachen Knopf stricken Sie einen Schlitz. Wir beschreiben das runde Knopfloch und eine waagerechte Variante.

Das runde Knopfloch

Für kleine Knopflöcher, die in Feingestricktes eingearbeitet werden sollen und in denen nachher ein kleiner Kugel- oder auch flacher Knopf sitzen soll, wählt man das runde Knopfloch.

Es entsteht durch das Zusammenstricken zweier Maschen und einem Umschlag, der das Loch bildet.
Stricken Sie bis zu der Stelle, an der Ihr Knopfloch liegen soll.
Die folgenden zwei Maschen werden rechts zusammengestrickt.
Den Strickfaden als Umschlag 1mal um die Nadel legen.
Der Umschlag ersetzt die fehlende Masche und bildet das Loch.
In der Rückreihe die Maschen und den Umschlag links abstricken. In allen folgenden Reihen die Maschen stricken, wie sie erscheinen.

Das waagerechte Knopfloch

Wir beschreiben eine 2. Strickart. Das Knopfloch entsteht nicht durch das Abketten und Neu-Anschlagen von einer bestimmten Maschenzahl, sondern durch das Stillegen von Maschen auf einem Hilfsfaden. Stricken Sie die Maschen ab bis zu der Stelle, an der das Knopfloch beginnen soll.

Die Länge des Knopfloches richtet sich nach dem Durchmesser Ihres Knopfes. Legen Sie die Länge fest, bzw. bestimmen Sie die Maschen, die auf das Knopfloch entfallen sollen. Diese Maschen stricken Sie ebenfalls noch mit Ihrem Arbeitsfaden ab! Nun jedoch die abgestrickten Knopflochmaschen wieder auf die linke Nadel heben und die Maschen nochmals mit dem andersfarbigen Hilfsfaden abstricken. Ihr Arbeitsfaden liegt an

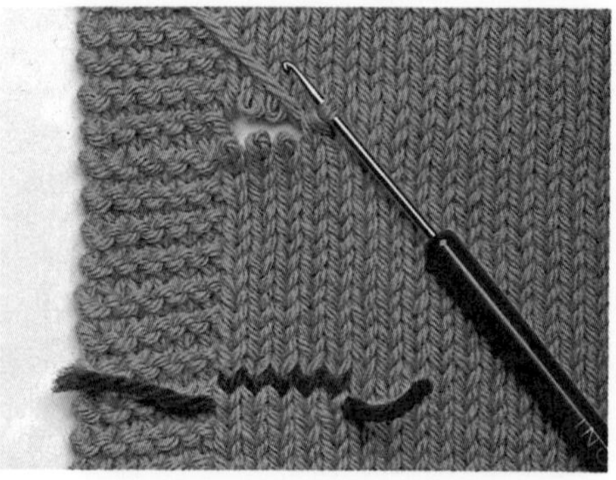

der richtigen Stelle, so daß Sie mit ihm in Strickrichtung weiterstricken können. In dem erforderlichen Abstand die anderen Knopflöcher einstricken. Bei der Ausarbeitung wird der Hilfsfaden aus den Knopflochmaschen herausgezogen. Sie haben nun oben und unten offene Maschen. Mit der Häkelnadel und Ihrem Arbeitsfaden arbeiten Sie weiter. Stechen Sie die Häkelnadel in die 1. rechte untere offene Masche und holen den Arbeitsfaden durch die Masche.

In alle folgenden Maschen die Nadel einstechen und mit Kettmaschen über alle Maschen häkeln.
Den Faden der letzten Masche nach links ziehen und gut vernähen.
Sie erhalten ein strapazierfähiges, elastisches Knopfloch.

Aufnehmen

Maschen werden aufgenommen, um das Strickteil zu verlängern. Aber auch, wenn Sie in verschiedenen Strickrichtungen Bündchen oder Blenden anstricken wollen, die dem Strickstück einen sauberen Abschluß geben. Wir erklären drei wichtige Methoden, die Sie beim Stricken immer wieder anwenden können.

Aufnehmen von Maschen an einer geraden Kante in Strickrichtung
Wollen Sie an einer abgeketteten oder angeschlagenen Kante ein Stück anstricken, so stechen Sie die rechte Nadel von vorn in die 1. Masche, oder in die entsprechende Anfangsmasche, ein.
Dabei die zwei parallellaufenden Maschenglieder auffassen. Nun den Faden, der wie beim Stricken von der linken Hand kommt, mit der rechten Nadel holen und durch die zwei Maschenglieder durchholen.
Die 1. Masche liegt auf der Nadel. Alle folgenden Maschen ebenso aufnehmen.
So können Strickteile nahtlos verlängert werden. Die Ansatzkante ist nur auf der linken Strickseite sichtbar.

Anwendung Bei Kindersachen, die zu kurz geworden sind.
Alle Bündchen, die nachträglich angestrickt werden.

Aufnehmen von Maschen an einer Ausschnittkante
Dafür die Maschen wieder zwischen Rand- und folgender Masche aufnehmen (wie beim „Aufnehmen von Maschen an einer geraden Kante" beschrieben). Werden die Maschen der Ausschnittkante direkt am Rand aufgenommen, so daß keine hochlaufende Masche entsteht, so sticht man direkt in die Randmasche ein und nimmt die erforderlichen Maschen auf.

Anwendung Beim V-Ausschnitt, bei dem ein Bündchen nachträglich angestrickt wird.
Bei schrägen Eingrifftaschen, an die Bündchen oder Taschenbeutel nachträglich angestrickt werden. Werden die Bündchen dabei mit dünneren Nadeln gestrickt, so wird aus jeder Masche (bzw. Reihe) 1 Masche aufgenommen.

Aufnehmen von Maschen an einer geraden Seitenkante
An der Stelle, wo sich die Randmasche und die folgende Masche treffen, die Stricknadel einstechen und, wie links beschrieben, die 1. Masche aufnehmen. In den folgenden Zwischenraum einstechen und alle folgenden Maschen aufnehmen.
Beachten Sie dabei, daß nur in jede 2. Reihe eingestochen wird. Also nicht in die Masche, die der Randmasche folgt, sondern immer zwischen Rand- und folgender Masche einstechen.
Soll das angestrickte Teil jedoch mehr Weite bekommen, so wird aus jeder Reihe 1 Masche aufgenommen. Machen Sie es ebenso, wenn die Bündchen oder Blenden mit dünneren Nadeln gestrickt werden.
Soll die Weite dem vorhandenen Strickstück entsprechen, so wird aus jeder 2. Reihe 1 Masche aufgenommen.

Anwendung Bei Bündchen oder Blenden, die an quergestrickte Teile nachträglich angestrickt werden.
Patchworkstrick, der nicht zusammengenäht, sondern gleich in verschiedenen Richtungen angestrickt wird.
Ärmel, die gleich am Rücken- und Vorderteil angestrickt werden.

Bündchen

Jacken, Pullis und Westen beginnen Sie normalerweise mit einem Bündchen. Es ist meistens im Rippenmuster gestrickt, um dem Strickstück den festen Abschluß zu geben. Wir stellen vier verschiedene Bündchen vor.

1-Masche-rechts-1-Masche-links-Bündchen

Die errechnete oder in der vorliegenden Anleitung angegebene Maschenzahl anschlagen.
Beginnen Sie die 1. Reihe mit einer rechts abgehobenen Masche und stricken dann die restlichen Maschen im Wechsel: 1 Masche rechts, 1 Masche links.
In jeder folgenden Reihe werden die Maschen so gestrickt, wie sie erscheinen.

Es ist ratsam, das Bündchenmuster mit Stricknadeln zu stricken, die 1/2 bis 1 Nummer dünner sind als die Nadeln, mit denen das gesamte Strickteil gearbeitet wird.
Nachdem das Bündchen seine Breite erreicht hat, mit dickeren Nadeln weiterstricken.
Es entsteht ein elastisches Strickbündchen, das sich in der Breite sehr zusammenzieht.

Anwendung Wird mit dünnem, feinem Garn gestrickt, so ist es ratsam, die Arbeit mit dem unauffälligen Rippenbündchen zu beginnen. Es paßt sich sehr gut allen Rechts-links-Mustern, wie Perlmuster oder Gerstenkornmuster, an.

Patentmuster-Bündchen

Der angegebene oder errechnete Maschenanschlag muß durch 2 teilbar sein. Die 1. Reihe beginnt mit 1 Randmasche, dann im Wechsel die nächste Masche mit 1 Umschlag links abheben, die folgende Masche rechts stricken.
Die Reihe mit 1 Randmasche beenden. Die 2. Reihe und ebenfalls alle folgenden Reihen mit 1 Randmasche beginnen und abwechselnd die linke Masche mit 1 Umschlag links abheben und die Masche mit dem Umschlag rechts stricken.
Die Reihe endet wieder mit 1 Randmasche. Es entsteht ein dichtes Rippenmuster, das sich in der Breite nicht viel zusammenzieht.

Anwendung Bei dickem, jedoch glatt und gleichmäßig gedrehtem Garn, das z.B. für sportliche Pullis oder Jacken verstrickt wird, kommt dieses Bündchen gut zur Geltung.

2-Maschen-rechts-2-Maschen-links-Bündchen

Die erforderliche Maschenzahl sorgfältig und nicht zu fest anschlagen. Die gesamte Maschenzahl sollte durch 2 teilbar sein.

Beginnen Sie die 1. Reihe mit der 1. rechts abgehobenen Masche, stricken die folgenden 2 Maschen links und die nächsten 2 Maschen rechts. Die Reihe endet mit 1 Randmasche.
Die 2. und alle folgenden Reihen wieder mit 1 Randmasche beginnen und im Wechsel 2 Maschen rechts, 2 Maschen links stricken.
Bei diesem Muster ist es ratsam, das Bündchen mit 1/2 bis 1 Nummer dünneren Nadeln zu stricken, als das Strickteil gestrickt wird.
Dadurch entsteht ein elastisches Bündchen, das sich in der Breite zusammenzieht und einen festen, sauberen Anfang ergibt.

Anwendung Sportliche Pullis, Jakken oder Westen, die nach dem Bündchen viel Weite bekommen, werden mit dem etwas dick wirkenden Bündchen eingehalten.

Kraus-rechts-Bündchen

Die nach einer Maschenprobe errechnete oder in einer Anleitung angegebene Maschenzahl anschlagen.
Nun die Maschen der 1. Reihe rechts stricken. Die Arbeit wenden und die 1. Masche rechts abheben, alle folgenden Maschen wieder rechts stricken.
Ebenso die Maschen der nächsten Reihen.
Werden in einer Reihe nur rechte Maschen gestrickt, so entsteht auf der Rückseite eine linke Maschenreihe.
Da bei diesem Muster in der Hin- und Rückreihe nur rechte Maschen gestrickt werden, entstehen immer im Wechsel linke Maschenreihen, die das Muster in der Höhe sehr elastisch machen.

Anwendung Für alle Strickteile, die durch ein Bündchen nicht eingehalten werden sollen, wie z. B. lange Jakken, Mäntel oder Röcke.

Taschen

Wir zeigen Ihnen zwei Taschenformen, die bei Stricksachen oft verwendet werden.
Diese beiden Taschen können Sie gleich während der Arbeit mit einstricken.

Senkrechte Taschen

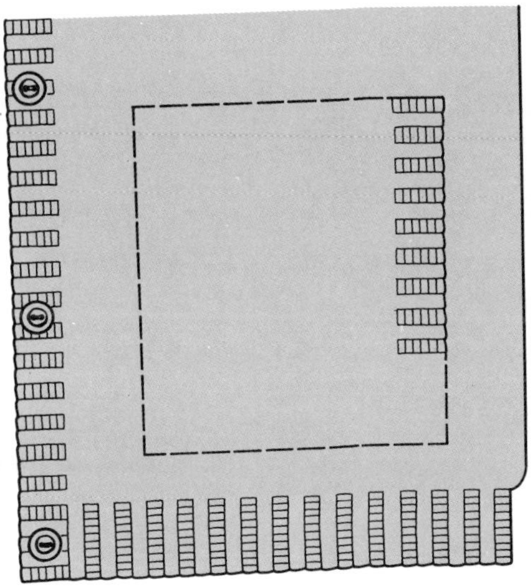

Die unterbrochene Linie zeigt die Tasche.

Die beiden Teile seitlich der Schlitzöffnung werden getrennt hochgestrickt.

Diese Taschenform wird gearbeitet, wenn die Taschenöffnung möglichst unauffällig sein soll, z. B. bei komplizierten Grundmustern.
Stricken Sie bis zu der vorgesehenen Taschenöffnung in der gewünschten Höhe. Dann werden die Maschen dieser Reihe bis zu der Schlitzöffnung gestrickt.
Rechnen Sie jetzt die Maschen für den Taschenbeutel aus. Mit einem neuen Faden und mit Hilfsnadeln werden diese Maschen einige Zentimeter gestrickt. Dann die Maschen des Taschenbeutels und die des Seitenteils auf eine Nadel nehmen, bis zu der erforderlichen Schlitzhöhe stricken und die Maschen des Taschenbeutels abketten.
Stricken Sie jetzt die Maschen des Vorderteils bis zu der Höhe der Schlitzöffnung und dann über alle Maschen im Grundmuster weiter.
Bei der Ausarbeitung Maschen aus der vorderen Schlitzkante aufnehmen und die Blende in der gewünschten Breite und in dem Blendenmuster anstricken.
Nähen Sie die Seitenkanten der Blende und die Taschenbeutel möglichst unsichtbar an.
Sie können die senkrechte Tasche auch in die Seitennaht einarbeiten. Dabei die Maschen für den Taschenbeutel beim Rückenteil anschlagen und anstricken.

Schräge Taschen

Diese Tasche wird oft bei sportlichen Blousons gestrickt.
Stricken Sie das Teil bis zu der Taschenöffnung und die Maschen von der Seite bis zu der Schlitzöffnung im Grundmuster.
Rechnen Sie jetzt die Maschen für den Taschenbeutel aus, und stricken Sie diese Maschen einige Zentimeter glatt rechts.
Stricken Sie dann getrennt einmal über die Maschen des Taschenbeutels und die seitlichen Maschen und einmal über die Maschen des vorderen Teils. Dabei werden je nach der gewünschten Schrägung Maschen für den vorderen Tascheneingriff abgekettet.
Wenn die Tasche die gewünschte Höhe hat, ketten Sie die Maschen des Taschenbeutels ab, und stricken Sie dann über alle Maschen weiter im Grundmuster.
Nachher nehmen Sie aus dem Tascheneingriff Maschen auf und stricken eine Blende an.

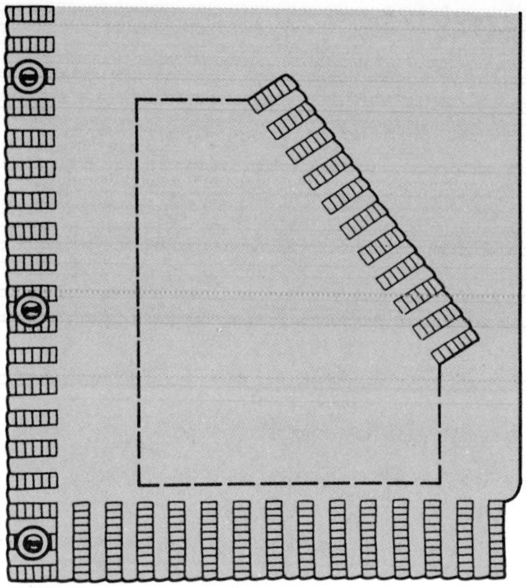

Die Taschenöffnung schräg arbeiten.

Sie können die Blende in Rippen-, Perl- oder Kraus-rechts-Muster stricken. Sie können die Kante aber auch mit festen Maschen, Kettmaschen oder mit Krebsstich umhäkeln.

Taschen

Bei Strickjacken, -westen und -blousons sind Taschen nicht nur dekorativ, sondern auch praktisch. Sie können sie nachträglich stricken und aufnähen oder gleich während der Arbeit mit einstricken.

Hier wurde das Taschenbündchen im Rippenmuster gleich mit eingestrickt.

Die Maschen fürs Bündchen liegen gesichert auf dem Maschenraffer oder der Hilfsnadel.

Aufgesetzte Tasche

Die aufgesetzte Tasche ist ein gestricktes Rechteck, das nachher auf das fertige Strickteil aufgenäht wird. Rechnen Sie die benötigten Maschen und Reihen nach der Maschenprobe aus, und stricken Sie ein Teil, das oben mit einer Blende abschließt. Als Abschluß kann auch ein Saum gearbeitet werden.
Die fertige Tasche wird mit Maschenstichen oder mit kleinen überwendlichen Stichen aufgenäht.
Diese Tasche kann auch in einer anderen Farbe oder einem anderen Grundmuster gestrickt werden.

Eingestrickte Tasche

Waagerechte Tasche
Diese Taschenform, die einfach und nach drei Methoden zu arbeiten ist, wird bei Stricksachen oft verwendet.
1. Stricken Sie im Grundmuster bis zum Beginn der Blende für den Tascheneingriff. Dann rechnen Sie nach der Maschenprobe aus, wie viele Maschen für die Taschenöffnung in der Breite benötigt werden. Diese Maschen stricken Sie in dem gewünschten Blendenmuster, z. B. eine Masche rechts, eine Masche links. Die übrigen Maschen arbeiten Sie weiter im Grundmuster. Wenn die Taschenblende die gewünschte Höhe erreicht hat, ketten Sie die Blendenmaschen ab.
Mit einem neuen Faden und Hilfsnadeln wird jetzt die gleiche Maschenzahl für den Taschenbeutel angeschlagen. Mit diesen Maschen glatt rechts stricken, bis der Taschenbeutel seine erforderliche Höhe hat, wie im Schnitt eingezeichnet. Diese Maschen anstatt der abgeketteten Maschen in die Arbeit nehmen und über alle Maschen im Grundmuster weiterstricken.
2. Wenn Sie die Blendenmaschen in einer anderen Farbe stricken wollen, müssen die Maschen für die Taschenblende stillgelegt werden. Hierfür nehmen Sie diese Maschen auf eine Hilfsnadel oder auf einen Maschenraffer. Stricken Sie dann den Taschenbeutel erst für sich, wie vorhin beschrieben, und das Teil im Grundmuster weiter.
Zum Schluß die Blendenmaschen aufnehmen und die Taschenblende in der gewünschten Höhe und entsprechendem Muster stricken. Die seitlichen Ränder werden möglichst unsichtbar angenäht.
3. Sie können auch alle Maschen für die Taschenöffnung stillegen. Stricken Sie dafür im Grundmuster bis zu der Taschenöffnung. Dann stricken Sie die Blendenmaschen mit einem Faden in einer anderen Farbe und nehmen diese Maschen wieder auf die linke Nadel. Dann im Grundmuster über alle Maschen weiterstricken.

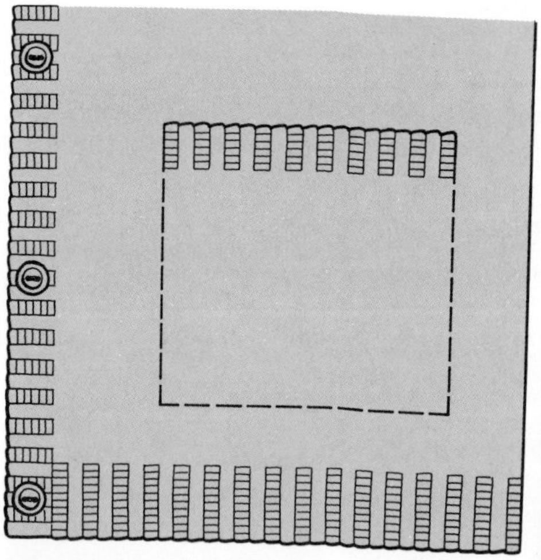

Im Schnittschema ist die waagerechte Tasche mit Taschenbeutel (=gestrichelte Linie) eingezeichnet.

Wenn das Teil beendet ist, trennen Sie den Hilfsfaden vorsichtig heraus und nehmen die Maschen der unteren Kante für die Blende auf, mit den oberen Maschen wird der Taschenbeutel angestrickt. Die Taschenbeutel möglichst unsichtbar annähen. Bei dicker Wolle können Sie die Taschenbeutel auch mit einem dünnen Faden stricken.

Blenden

Kanten bei einem glatt rechts oder glatt links gestrickten Grundmuster rollen sich sehr leicht ein. Um dies zu vermeiden, werden Blenden nachträglich angestrickt oder gleich mitgestrickt. Bei den gleich mitgestrickten Blenden müssen Sie sich allerdings zu Beginn der Arbeit für das gewünschte Blendenmuster entscheiden.

Die Rippenmusterblende paßt sich einem einfachen Muster gut an.

Rippenblende

Einen glatten Rand, der sich nicht mehr nach innen oder außen rollt, erhalten Sie bei dieser gleich mitgestrickten Blende.

Hierbei werden die Randmaschen, in unserer Strickprobe sind es 13 Maschen, im Rippenmuster gestrickt: 1 Masche rechts, 1 Masche links, die restlichen Maschen glatt rechts (Hinreihe rechte Maschen, Rückreihe linke Maschen).

Es entstehen senkrecht hochlaufende Rippen, die das Strickstück nicht einhalten, sich selbst in der Breite jedoch zusammenziehen. Die erste Masche der Blende wird in der Rückreihe links gestrickt und in der Hinreihe rechts abgehoben. So entsteht ein elastischer Kettmaschenrand, der zum Rippenmuster paßt.

Anwendung Bei Jacken und Westen kann die vordere Blende gleich mitgestrickt werden. Im Gegensatz zu der angestrickten Blende erhalten Sie dabei keine Naht, und das Blendenmuster läuft in Strickrichtung mit und ist deshalb sehr unauffällig.

Bei fein gestrickten, verschlußlosen Jacken ist diese Blende besonders angebracht. Sie kann auch im Rippenmuster 2 Maschen rechts, 2 Maschen links gestrickt werden. Sie wird dann etwas grober, d.h. sportlicher.

Die Perlmusterblende gibt dem Strickstück einen festen Abschluß.

Perlmusterblende

Ein beliebtes und einfach zu strickendes Blendenmuster ist das Perlmuster. Die Blende rollt sich nicht und ist zudem sehr dekorativ.

Die links aufliegenden Maschen entstehen durch den Versatz von rechten und linken Maschen.

Die festgelegten Blendenmaschen werden in der 1. Reihe 1 Masche rechts, 1 Masche links gestrickt. In der 2. und jeder darauffolgenden Reihe die Maschen im Versatz stricken.

Es entsteht ein in sich festes Strickmuster, das besonders für breite Blenden geeignet ist, da es in Form bleibt. Das heißt, die Blende zieht sich nicht in die Länge, sie hat eher die Tendenz, das Strickstück etwas einzuhalten.

Diese Blende sollte einen Knötchenrand bekommen. Sie stricken dafür z.B. die letzte Masche links und beginnen die nächste Reihe mit der ersten links abgehobenen Masche. Ist die letzte Masche eine rechte Masche, so wird die erste Masche rechts abgehoben. Es entstehen am Rand kleine Knötchen, die zum Perlmuster gut passen.

Anwendung Teile wie Kragen, Vorderteil und Taschen, die im einfachen Strickmuster gestrickt sind, werden durch die Perlmusterblende dekorativ eingerahmt.

Bündchen und Blende sind hier im Kraus-rechts-Muster mitgestrickt.

Kraus-rechts-Blende

Da Sie bei dieser Strickart in der Hin- und Rückreihe immer nur rechte Maschen stricken, zählt sie zu den einfachsten Mustern. Unregelmäßigkeiten, die leicht durch das Stricken von linken Maschen entstehen, ergeben sich hier nicht.

Deshalb ist es auch ein ideales Blendenmuster, das besonders gerne für grob Gestricktes, Teile mit vielen Mustern, aber auch für glatt Gestricktes verwendet wird.

Beginnen Sie die Arbeit mit einigen kraus rechts gestrickten Reihen. So erhalten Sie gleichzeitig einen sauberen Anfang, der sich nicht einrollt. Legen Sie nun die Blendenbreite fest, die nicht breiter sein sollte als der Anfang, und markieren Sie die Stelle mit einem andersfarbigen Faden.

Stricken Sie nun die Blendenmaschen immer nur rechts und die restlichen Maschen, wie unsere Probe zeigt, glatt oder in einem anderen Grundmuster. Es entstehen waagerechte Rippen, die das Strickstück in der Höhe etwas einhalten.

Anwendung Ärmelkanten, Vorderteilkanten, Kragen, Taschen und Halsausschnitte werden mit dieser Blende einfach und dekorativ versäubert. Besonders geeignet für grob Gestricktes und einfache gerade Teile.

Blenden

Blenden werden angestrickt, um Ausschnitten, Kragen und Tascheneingriffen einen sauberen Abschluß zu geben. Sie erfahren, wie Sie Blenden an einen eckigen und einen V-Ausschnitt anstricken.

Hier wird eine Blende über die andere gelegt und dann angenäht.

V-Ausschnitt mit offen angestrickter Blende

Für diese Strickart brauchen Sie eine elastische Rundstricknadel in beliebiger Länge.
Die Blende wird in Hin- und Rückreihen angestrickt. In der vorderen Mitte entsteht eine Naht.
Dafür die Maschen von der vorderen Mitte ausgehend aus dem gesamten Ausschnitt aufnehmen. Die Schulternähte müssen geschlossen sein. Beim Aufnehmen der Maschen sehr sorgfältig vorgehen.
Die gesamte Maschenzahl liegt nun auf der Nadel. Die Arbeit wenden und im Blendenmuster (wir strickten 2 Maschen rechts, 2 Maschen links) die Blende in der erforderlichen Breite anstricken.
Dann die Maschen im Blendenmuster abketten.
Die beiden Blenden lappen in der vorderen Mitte übereinander.
Nähen Sie bei Damenpullis die linke Blende unter der rechten Blende an der Aufnahmekante an.
Nun die rechte Blende auf die linke Blende legen und sorgfältig an der Kante aufnähen. Bei Herrenpullis wird die linke Blende über die rechte Blende genäht.

Die Eckmaschen ergeben sich durch die gleichmäßigen Abnahmen.

Eckiger Ausschnitt mit geschlossener Blende

Hierfür benötigen Sie wieder eine elastische, kurze Rundstricknadel, denn die Blende wird in Runden angestrickt.
Dafür die Maschen aus dem gesamten Ausschnitt sorgfältig aufnehmen, die Schulternähte müssen geschlossen sein.
Bei einem 1 Masche rechts, 1 Masche links gestrickten Muster muß die Maschenzahl durch 2 teilbar sein. Die beiden Eckmaschen markieren.
Die 1. Runde im Blendenmuster stricken, die beiden markierten Eckmaschen rechts stricken.
In der 2. Runde und jeder darauffolgenden Runde in den Ecken wie folgt stricken: Die Masche vor der Eckmasche und die Eckmasche wie zum Rechtsstricken zusammen abheben, die nächste Masche stricken, wie sie erscheint, und die beiden abgehobenen Maschen über die gestrickte Masche ziehen.
Die Maschen zwischen den Ecken stricken, wie sie erscheinen, und die 2. Ecke immer wie die 1. Ecke stricken. Hat der Ausschnitt noch eine kleine Schrägung zur Schulter hin, so werden die Ecken nur in jeder 2. Runde gebildet. Die Maschen im Blendenmuster abketten.

Die aufliegende Mittelmasche sitzt genau in der Mitte des Ausschnittes.

V-Ausschnitt mit geschlossener Blende

Sie brauchen zum Stricken dieser Blende eine elastische, kurze Rundstricknadel (Blende wird in Runden angestrickt!). Nehmen Sie aus dem gesamten Ausschnitt Maschen auf. Dafür müssen die Schulternähte geschlossen sein. Das Aufnehmen von Maschen erklärten wir auf Seite 103. Diese Arbeit muß sehr sorgfältig ausgeführt werden.
Bei einer 1 Masche rechts, 1 Masche links gestrickten Blende muß die aufgenommene Maschenzahl durch 2 teilbar sein.
Markieren Sie die Masche, die in der Mitte des V liegt.
In der 1. Runde abwechselnd 1 Masche rechts, 1 Masche links und die Mittelmasche rechts stricken.
Ab 2. Runde in jeder Runde die Masche vor der Mittelmasche und die Mittelmasche wie zum Rechtsstricken zusammen abheben, die nächste Masche stricken, wie sie erscheint. Nun die beiden abgehobenen Maschen über die gestrickte Masche ziehen.
Nachdem die erforderliche Blendenbreite erreicht ist, alle Maschen im Blendenmuster abketten.

Halsausschnitte

Wichtige Halsausschnittformen sind der Trapez- und der Schlitzausschnitt. Beide stricken Sie meistens in Verbindung mit einem Kragen.

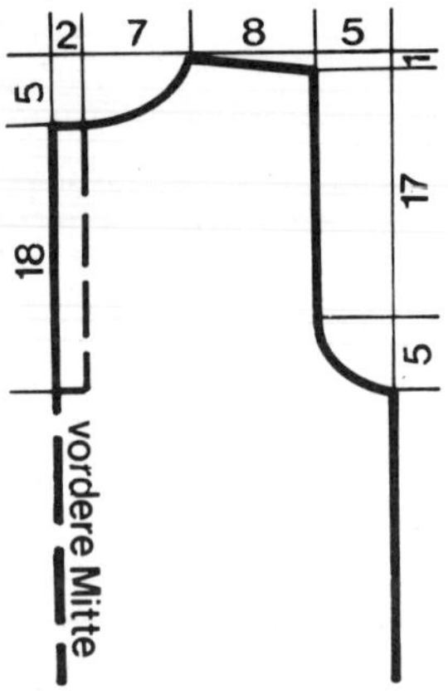

Die schmale Blende an der vorderen Kante kann gleich mit- oder nachher angestrickt werden.

Schlitzausschnitt

Wie der Name schon sagt, wird hier erst ein Schlitz und dann ein runder Halsausschnitt gestrickt. Der Schlitz kann gleich mit einer Blende gearbeitet werden (wie unsere Strickprobe zeigt) oder nachträglich eine Blende erhalten.

Sie stricken das Vorderteil bis zu dem Punkt, an dem im Schnitt der Schlitz beginnt (im Schnitt mit einem Querzeichen gekennzeichnet).

Hier teilen Sie die Arbeit in 2 gleiche Teile und nehmen eine Hälfte auf eine Hilfsnadel. Mit der 2. Hälfte stricken Sie weiter. Dabei werden die ersten 4 bis 6 Maschen (je nach Blendenbreite) im Bündchenmuster – kraus rechts, 1 Masche rechts, 1 Masche links oder Patentmuster – gestrickt. Die Länge des Schlitzes ist im Schnitt eingezeichnet. Dann beginnt die Rundung, die nach einer vorliegenden Anleitung oder durch Auflegen auf den Schnitt gestrickt wird.

Dann die stillgelegten Maschen der Hilfsnadel in Arbeit nehmen und die 2. Hälfte gegengleich stricken.

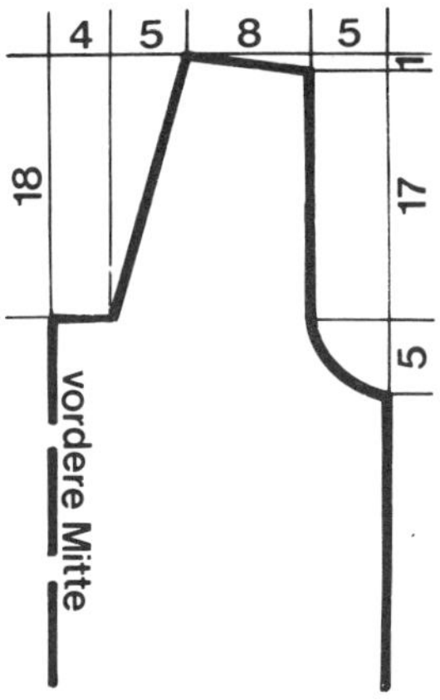

Ein Kragen oder eine breite Blende werden später in den Ausschnitt genäht oder angestrickt.

Trapezausschnitt

Dieser wird mit breiter Blende oder Schalkragen gearbeitet. An Hand der im Schnitt angegebenen Zentimeteranzahl können Sie sich die abzunehmenden Maschen genau errechnen. Auch hier wird das Vorderteil in 2 gleiche Teile geteilt und jede Hälfte für sich beendet. Bevor man mit der Schrägung beginnt, werden in der vorderen Mitte die mittleren 8 cm (im $1/2$ Schnitt = 4 cm) gerade abgekettet. Man beginnt also an der äußeren Kante, strickt bis zu dem Punkt, an dem der gerade Teil des Ausschnitts beginnt, und kettet die folgenden Maschen, die 8 cm entsprechen, gerade ab. Die nun folgende Hälfte wird erst beendet, die andere Hälfte auf einer Hilfsnadel stillgelegt. Die Ausschnittschrägung, wie beim spitzen Ausschnitt beschrieben, stricken, wobei die Abnahmen mit einem größeren Abstand aufeinander folgen. Die 2. Hälfte gegengleich zur 1. Hälfte strikken.

Spitzer Ausschnitt

Man nennt ihn auch V-Ausschnitt, weil die gleichmäßigen Abnahmen ein V bilden. Zunächst wird die Arbeit in zwei gleiche Teile geteilt. Man zählt die Maschen des Vorderteils und strickt die 1. Hälfte ab, der 2. Teil wird auf einer Hilfsnadel stillgelegt. Das heißt: Jede Hälfte muß getrennt für sich beendet werden. Wieviele Maschen abgenommen werden, ersehen Sie entweder aus einer Anleitung oder Sie kontrollieren die Schrägung durch Auflegen auf den Schnitt. Anhand einer Maschenprobe können Sie die Abnahmen auch errechnen.

Haben Sie zum Beispiel eine Maschenprobe von 26 Maschen und 46 Reihen auf 10 cm, so multiplizieren Sie die Zentimeteranzahl des Halsausschnitt-Ausfalls (in unserer Zeichnung sind es 10 cm) mit 1/10 Ihrer Maschenprobe:

10 x 2,6 = 26 Maschen.

26 Maschen müssen auf einer Höhe von 23 cm abgenommen werden.

23 x 4,6 = 105 Reihen.

105 Reihen: 26 Maschen = 4 Reihen. Sie nehmen also in jeder 4. Reihe 1 Masche ab.

Halsausschnitte

Zum V-, Trapez- und Schlitzausschnitt gehören auch der bekannte runde und viereckige Halsausschnitt. Beide beschreiben wir hier. – Außerdem zeigen wir die dazugehörigen Schnittzeichnungen.

Beim viereckigen Ausschnitt werden Maschen gerade abgekettet und jede Hälfte gerade hochgestrickt.

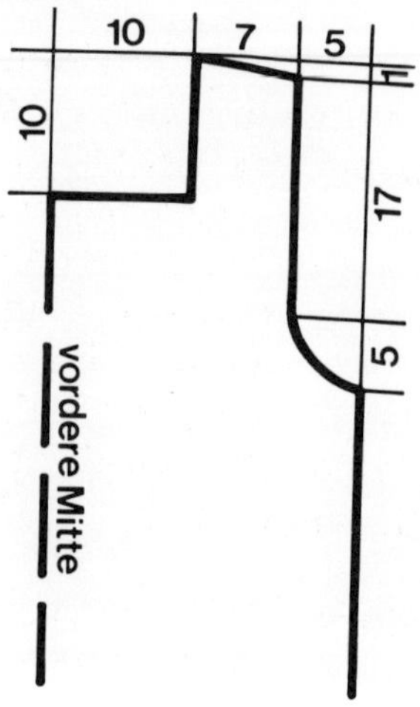

Eckiger Ausschnitt

Diese Ausschnittform ist von allen Halsausschnitten die einfachste. Durch ein einmaliges, gerades Abketten von Maschen entsteht schon die Form.

Stricken Sie das Vorderteil bis zu der im Schnitt eingezeichneten Höhe. An Hand einer vorliegenden Maschenprobe errechnen Sie die Maschen, die auf den Halsausschnitt entfallen. (In unserem Schnitt sind es 10 cm auf 1/2 Vorderteil, also 20 cm auf das gesamte Vorderteil.)

Bei einer Maschenprobe von 24 Maschen auf 10 cm müßten Sie insgesamt 48 Maschen gerade abketten. Die abzunehmenden Maschen ziehen Sie von der gesamten Maschenzahl ab, teilen das Ergebnis durch zwei und erhalten die Maschenzahl, mit der jede Vorderteil-Hälfte weitergestrickt wird.

Die Halsauschnittmaschen ketten Sie gerade ab oder legen sie auf einer Hilfsnadel still. So können Sie später die Maschen wieder aufnehmen und das Bündchen ohne vordere Naht gleich anstricken.

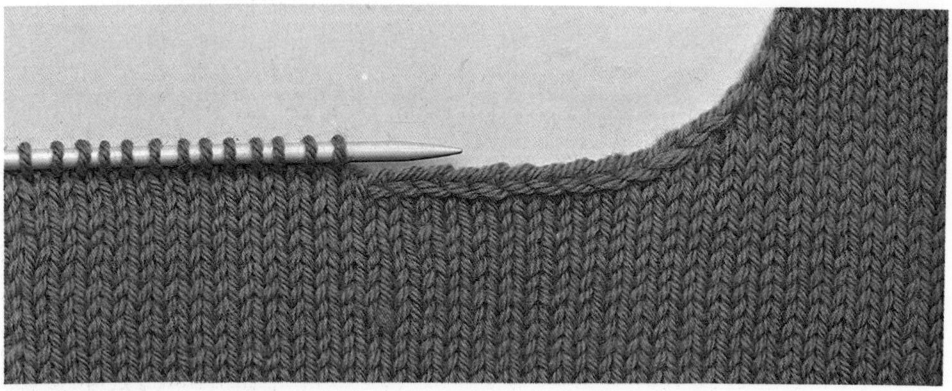

Beim runden Ausschnitt werden Maschen in Etappen abgenommen oder die Rundung wird nach Schnitt gestrickt.

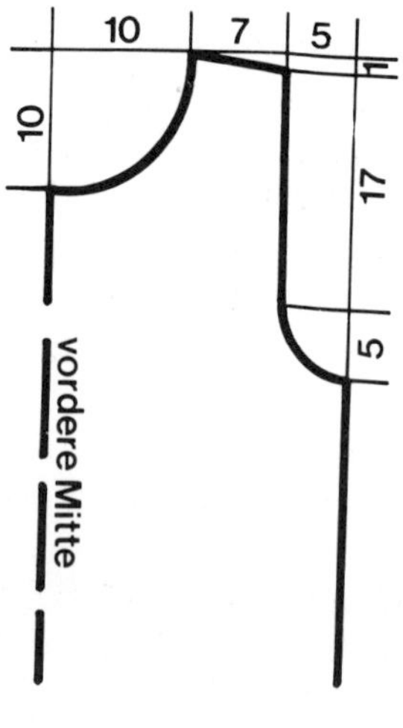

Runder Ausschnitt

Für diese Ausschnittform stricken Sie wieder bis zu der im Schnitt eingezeichneten Höhe.

Hier wird die Arbeit in zwei gleiche Teile geteilt. Dann können Sie jede Hälfte für sich beenden.

Die Breite des Halsausschnittes ersehen Sie aus der Schnittzeichnung (hier sind es 10 cm auf 1/2 Vorderteil). Errechnen Sie sich an Hand der Maschenprobe die Maschen, die exakt auf den Halsausschnitt entfallen. 1/3 dieser Maschenzahl ketten Sie gerade ab oder legen die Maschen auf eine Hilfsnadel. Um eine Gerade vor der Kante zu erhalten, können die Maschen der 2. Vorderteil-Hälfte gleich mit abgekettet oder stillgelegt werden.

Die restlichen Maschen werden in Etappen abgekettet, zum Beispiel: 1mal 5, 1mal 4, 2mal 2 und 3mal 1 Masche.

Eine gute Ausschnittrundung, die genau der im Schnitt entspricht, erhalten Sie, wenn Sie das Strickteil regelmäßig auf den originalgroßen Schnitt auflegen und danach die Rundung stricken.

Verschränkte Maschen

Wird eine Masche rechts oder links verschränkt abgestrickt, so bekommt die Masche eine Drehung; dadurch wird ein geschlossenes und festes Maschenbild erreicht.

1 Masche rechts verschränkt
Bei einer normal rechts zu strickenden Masche stechen Sie die Nadel von vorn nach hinten durch die Masche. Beim Verschränken führt man jedoch die Stricknadel von hinten durch das hintere Maschenglied der linken Nadel, holt den Faden, zieht ihn durch die Masche und läßt sie von der linken Nadel gleiten.

Anwendung Soll ein gleichmäßiges Maschenbild mit verschränkten rechten Maschen entstehen, so werden alle rechten Maschen einer Reihe verschränkt abgestrickt.
Die Rückreihe = linke Maschen werden dann normal links abgestrickt.
Es gibt auch Strickmuster, in denen nur vereinzelt rechte Maschen verschränkt abgestrickt werden.

1 Masche links verschränkt
Bei einer normal links zu strickenden Masche stechen Sie die Nadel von hinten nach vorn durch die Masche. Soll die linke Masche verschränkt abgestrickt werden, so sticht man die Nadel ebenfalls von hinten nach vorn durch die Masche, jedoch wird dabei durch das hinten liegende Maschenglied eingestochen.
Den Faden durchholen und die Masche von der Nadel gleiten lassen.

Anwendung Links verschränkte Maschen kommen nur in besonderen Fällen vor.

Verschränkt zusammenstricken

Maschen können verschränkt abgestrickt und verschränkt zusammengestrickt werden. Wir beschreiben in diesem Abschnitt, wie und wann Sie zwei rechte Maschen verschränkt zusammenstricken.

1. Phase

Verschränkt abgestrickte Maschen sind durch einen leichten Dreh, der sich durch das Abstricken ergibt, in sich fester und dichter.

Auch bei Abnahmestellen, die dicht aufeinander folgen (z.B. Raglanschrägungen), ist das ein Vorteil. Die Abnahmestellen sind dadurch markanter und können zusätzlich im Gestrick eine Zierde sein.

Strickt man zwei Maschen normal zusammen, so führt man die rechte Stricknadel von vorne erst durch die 2. auf der linken Nadel liegende Masche und dann durch die 1. Masche der linken Nadel.

Für die Maschen, die verschränkt zusammengestrickt werden sollen, führt man die rechte Stricknadel durch das hintere Maschenglied der zwei folgenden Maschen der linken Stricknadel. Dabei liegt die rechte Stricknadel hinten und die linke Stricknadel vorne.

So sticht die rechte Stricknadel beim Verschränkt-Zusammenstricken von hinten in die zwei Maschen der linken Stricknadel.

2. Phase

Mit der rechten Stricknadel, die in die zwei Maschen der linken Nadel sticht, den Strickfaden holen und durch die Maschen ziehen.

Bei dieser Abnahmemethode legt sich die 1. Masche über die 2. Masche. Die Abnahmelinie verläuft also von rechts nach links.

Werden dagegen zwei Maschen normal zusammengestrickt, so legt sich die 2. Masche über die 1. Masche. Die Abnahmelinie verläuft hierbei von links nach rechts.

Bei dieser Abnahmemethode liegt die erste Masche der zwei zusammengestrickten Maschen über der zweiten Masche.

Verkürzte Reihen

Verkürzte Reihen werden gestrickt, wenn Reihenunterschiede innerhalb eines Strickteils ausgeglichen werden müssen. In dieser Folge zeigen wir die Schulterschrägung und die Passe.

Wie viele Maschen und Reihen in verkürzten Reihen gestrickt werden sollen, ist aus dem jeweiligen Schnitt ersichtlich. Die Maschen und Reihen müssen an Hand der Maschenprobe errechnet werden.

Schulterschrägung

Eine Schulterschrägung kann durch Abketten von Maschen entstehen, die in Etappen abgekettet werden, oder indem die Abnahmen mit verkürzten Reihen gearbeitet werden.
Schulterschrägungen mit verkürzten Reihen haben den Vorteil, daß die Naht gerader und flacher wird.
Soll bei dem Strickteil die Schrägung links beginnen, so stricken Sie die Maschen bis zur 1. Etappe rechts ab. Die 1. Etappe ist dort, wo die 1. Abnahme beginnt. Heißt es z. B. in Ihrer Anleitung „1mal 4 Maschen abketten", so lassen Sie am Ende der Reihe 4 Maschen stehen.

Die Arbeit wenden und 1 Umschlag arbeiten. Die restlichen Maschen im Grundmuster stricken.
In der folgenden Reihe lassen Sie wieder die Maschen stehen, die abgekettet werden sollen (gezählt ab Umschlag), wenden die Arbeit und beginnen die Arbeit wieder mit einem Umschlag. Dies so oft wiederholen, bis die erforderlichen Maschen auf der linken Nadel liegen.

In der letzten Reihe werden alle Maschen abgekettet. Dabei wird der Umschlag immer mit der folgenden Masche zusammengestrickt.

Passe

Bei einem Strickteil, das an der Seitennaht begonnen wird und quer gestrickt werden soll, kann die Passe gleich mitgestrickt werden.
Sie wird dann in verkürzten Reihen gearbeitet.
Die Maschenzahl für Passe und unteres Strickteil errechnen Sie an Hand der Maschenprobe.
Stricken Sie, an der unteren Kante be-

ginnend, die Maschen ab bis zu der Stelle, an der die Passe beginnen soll. Die Passenmaschen liegen auf der linken Stricknadel.

Die Arbeit wenden, 1 Umschlag arbeiten und die folgenden Maschen im Grundmuster bis zu der unteren Kante stricken.

Stricken Sie nun wieder die Maschen des unteren Teils bis zur Passe (d. h. bis zum Umschlag).

Nun den Umschlag und die folgende Masche rechts zusammenstricken und die Maschen der Passe im Grundmuster abstricken.
Die folgende Reihe bis zur unteren Kante stricken. Wiederholen Sie nun die Arbeit der letzten 4 Abbildungen.

Verkürzte Reihen

Eine unterschiedliche Reihenzahl innerhalb eines Strickteils kann durch zwei verschiedene Grundmuster entstehen. Man muß diesen Unterschied bei einer Blende mit verkürzten Reihen ausgleichen. Wir zeigen Ihnen verkürzte Reihen an einer Blende und einem Zwickel.

Blende

Patent- oder kraus rechts gestrickte Blenden, die gleich mit dem Strickstück gearbeitet werden, ziehen sich in der Höhe mehr zusammen als z. B. ein Rechtsgestrick.

An Hand der Maschenprobe muß der Reihenunterschied der zwei Grundmuster ausgerechnet und der Unterschied durch verkürzte Reihen ausgeglichen werden. Die Blende zieht sich sonst nach oben.

Stricken Sie die Maschen von der rechten Kante aus bis zur Blende im Grundmuster ab.

Die Blendenmaschen abstricken, die Arbeit wenden und wieder nur die Blendenmaschen stricken.

Die Arbeit wenden, die 1. Masche abheben und die Blendenmaschen abstricken.

Zwickel

Soll in ein Strickteil ein zwickelartiges Teil mit einer Mehrweite eingestrickt werden, so arbeitet man dieses Teil mit verkürzten Reihen. Die Zwickelbreite und -länge ist im Schnitt ersichtlich.

Wir strickten die verkürzten Reihen mit einem roten Faden, damit die Reihen deutlich zu sehen sind.

Die Maschen der Zwickelbreite abstricken. Der blaue Faden endet mit der letzten blauen Masche.

Die Arbeit wenden und 1 Umschlag arbeiten. Die Zwickelmaschen in Rot stricken und am Ende der roten Maschen (bzw. am Anfang der nächsten Reihe) 1 Umschlag arbeiten. Die Arbeit wenden und mit dem blauen Faden weiterarbeiten.

Den roten Umschlag und die folgende Masche rechts zusammenstricken, alle folgenden Maschen abstricken.

In der Rückreihe den roten Umschlag und die folgende Masche links verschränkt zusammenstricken. Die übrigen Maschen abstricken. Die letzten vier Abbildungen fortlaufend wiederholen.

Farbwechsel mit verkreuzten Fäden

Großflächig eingestrickte Motive sind kein Problem, wenn Sie den Farbwechsel exakt ausführen. Das geschieht, indem Sie die zwei Farben richtig miteinander verkreuzen.

Wenn Sie großflächige Motive nach eigener Phantasie oder nach einem vorliegenden Zählmuster stricken, so prüfen Sie vorher, ob Sie den Faden bis zum nächsten Motiv auf der Rückseite mitführen wollen oder jedes Motiv mit eigenem Faden stricken. Dabei die Fäden beim Farbwechsel miteinander verkreuzen.
Es gibt eine Regel, die sagt: Bei einem normal dicken Sportgarn sollte man nie mehr als 11 Maschen mit einem Faden übergehen. Es entstehen sonst sehr lange Spannfäden auf der Rückseite, und die Übergangsmaschen haben keine gleichmäßige Spannung. Beim Farbwechsel mit Fadenverkreuzen können Sie beliebig große Flächen und Motive stricken.

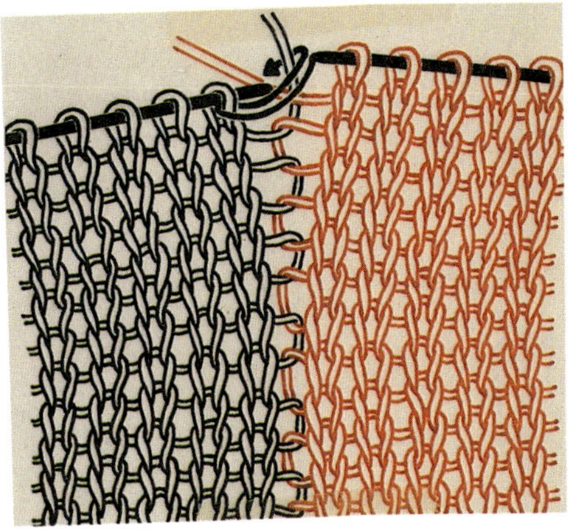

Stricken Sie die letzte Masche vor dem Farbwechsel z. B. Rot und legen den Faden vor den schwarzen Faden. Der eingezeichnete Pfeil zeigt nun, wie der schwarze Faden mit der rechten Nadel geholt werden muß. Die restlichen schwarzen Maschen wie gewohnt abstricken.
Auf diese Art werden die beiden Farben verkreuzt. Auch schräge oder runde Konturen können so gestrickt werden. In den Rückreihen die Fäden ebenso verkreuzen.

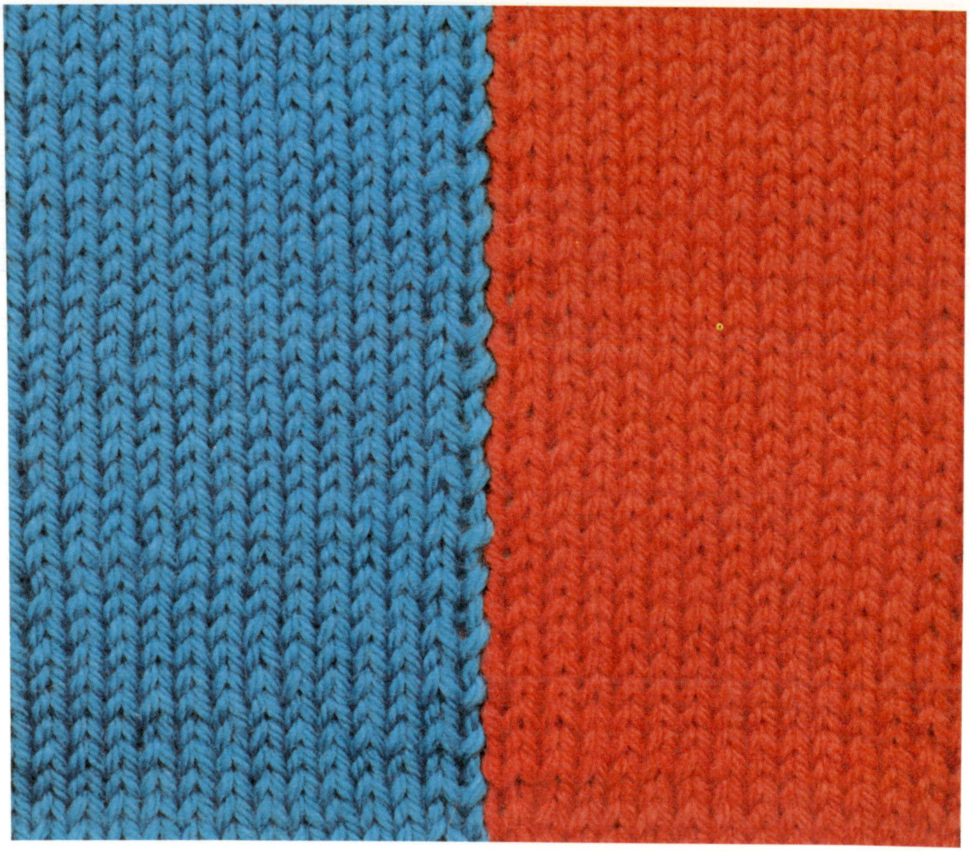

Bei unserer Strickprobe wurde der Farbwechsel nach dem links beschriebenen Prinzip gestrickt. Die Maschen stehen ohne Zwischenraum nebeneinander.

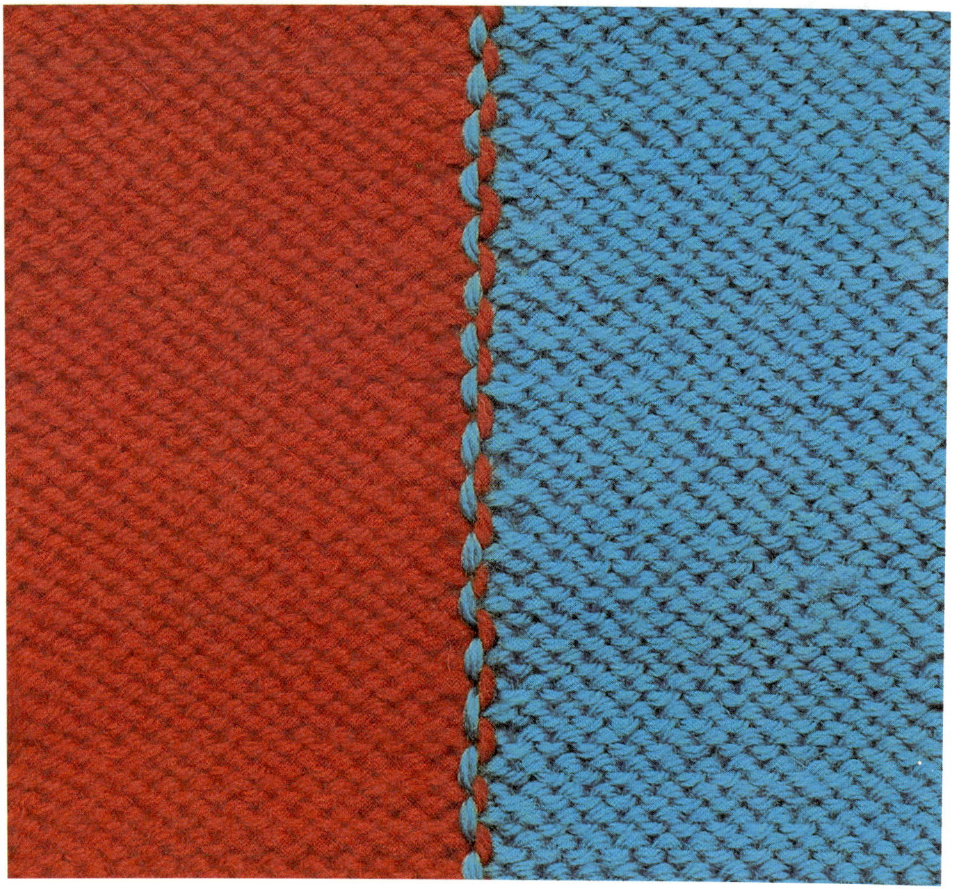

Auf der Rückseite entsteht durch das Verkreuzen der Fäden ein „Nähtchen".

Überziehen und Umschlag

Beim Abnehmen von Maschen und beim Stricken von Lochmustern werden Maschen übergezogen. Wir zeigen Ihnen an Hand des Lochmusters, wie Sie eine Masche über eine andere Masche ziehen und wie Sie Umschläge stricken und links als Masche abstricken.

Überziehen
Wird ein Überzug mit einem Umschlag gestrickt, entsteht ein Loch. Ohne Umschlag ist er immer eine Abnahme, da die übergezogene Masche verschwindet.
Ob Sie ein Lochmuster stricken oder bei einer Raglanschrägung durch Überziehen eine Masche abnehmen – die Masche, die übergezogen werden soll, wird immer erst abgehoben und über die gestrickte Masche gezogen.
Dadurch entsteht eine Maschenkante, deren Verlauf von rechts unten nach links oben geht. D. h.: Bei der Raglanschrägung beginnen Sie die Abnahmen auf der rechten Strickseite mit der übergezogenen Masche.

Stechen Sie in die Masche, die übergezogen werden soll, wie zum Stricken einer rechten Masche ein, und nehmen Sie diese Masche auf die linke Stricknadel.

Die folgende Masche stricken Sie als rechte Masche ab. Nun gehen Sie mit der linken Nadel zurück zu der abgehobenen Masche und stechen von vorne in die auf der Nadel liegende Schlinge. Diese ziehen Sie über die gestrickte Masche.

Die linke Nadel liegt noch in der übergezogenen Masche. Die Nadel jetzt herausziehen. Die übergezogene Masche umschlingt nun nach links geneigt gesichert die abgestrickte Masche.

Umschlag
Beim Lochmuster entsteht das Loch durch einen Umschlag, beim Zusammenstricken von Maschen kann der Umschlag die fehlenden Maschen wieder ersetzen. Außerdem können Sie mit dem Umschlag auch Maschen zunehmen.

Legen Sie für den Umschlag den Arbeitsfaden von vorne nach hinten 1mal, wie das Foto zeigt, über die rechte Stricknadel und stricken die folgenden Maschen mit der rechten Stricknadel im Grundmuster ab.

Der Umschlag wird auf der linken Strickseite wie eine linke Masche abgestrickt. Er kann auch links verschränkt abgestrickt werden.

Kreuzen

Flecht-, Zopf- und Webmuster entstehen durch das Kreuzen von zwei oder mehr Maschen. Die Methode richtet sich nach der Anzahl der Maschen, die gekreuzt werden sollen. Wir erklären und zeigen, wie Sie Maschen kreuzen und wie unterschiedlich die Wirkung ist.

1 Masche nach rechts kreuzen

Beim Kreuzen von 1 Masche nach rechts braucht keine 3. Nadel (Hilfsnadel) zur Hilfe genommen werden. Man strickt mit der rechten Nadel die Maschen wie folgt ab:

Die folgende, auf der linken Nadel liegende Masche übergehen. D. h.: Mit der rechten Nadel an der 1. Masche vorbei, in die 2. auf der linken Nadel liegenden Masche von vorne, wie zum Rechtsstricken, einstechen und die Masche abstricken. Jedoch die Masche nicht von der Nadel gleiten lassen!

Nun erst die 1. übergangene Masche abstricken. Erst wenn beide Maschen gestrickt wurden, kann man die abgestrickten Maschen von der Nadel gleiten lassen.

Stricken Sie nach dieser Methode, und kreuzen Sie die Maschen dabei in regelmäßigen Abständen, so entsteht ein Webmuster.

1 Masche nach links kreuzen

Bei dieser Methode kann ebenfalls ohne Hilfsnadel gearbeitet werden. Sie stricken wie folgt: Die folgende Masche der linken Nadel übergehen und die rechte Nadel von hinten in die nächste Masche der linken Nadel einstechen und rechts abstricken, jedoch nicht von der Nadel gleiten lassen!

Nun die übergangene Masche erst rechts abstricken und dann beide abgestrickten Maschen von der linken Nadel gleiten lassen. Die 1. übergangene Masche liegt nun schräg über der 2. Masche.

Kreuzen Sie 1 Masche nach links in regelmäßigen Abständen, so entsteht ein Webmuster.

Mehrere Maschen kreuzen

Werden mehrere Maschen gekreuzt, so muß mit einer Hilfsnadel gearbeitet werden.

Beim Zopf z. B., der aus 3 Maschen besteht, stricken Sie wie folgt: Die 1. Masche der linken Nadel auf eine Hilfsnadel nehmen und vor die Arbeit legen.

Die folgenden 2 Maschen mit der rechten Nadel rechts abstricken.

Nun die Masche der Hilfsnadel auf die linke Nadel heben, damit sie abgestrickt werden kann.

Die Maschen stricken und die Reihe beenden. Dementsprechend stricken Sie auch Zöpfe, die aus 4, 6 oder 8 Maschen bestehen. Die Hälfte der Maschen wird vor oder hinter die Arbeit gelegt, die andere Hälfte erst abgestrickt. Dann die Maschen der Hilfsnadel abstricken.

Nähte

Strickarbeiten können Sie auf unterschiedliche Art zusammennähen. Wir zeigen, wie die gebräuchlichsten Nähte gearbeitet werden und wie die fertige Naht nachher aussieht.

Die Nähte werden meist mit dem gleichen Garn zusammengenäht, mit dem gestrickt wird. Bei Strickstücken aus einer dicken Wolle werden die Nähte mit dem geteilten Faden zusammengenäht, weil sie sonst zu dick werden. Ist der Strickfaden zum Nähen ungeeignet, z. B. Noppenwolle oder Bouclèwolle, so werden die Nähte mit einem glatten Faden in der gleichen Farbe zusammengenäht. Bei allen Nähten darf der Faden nicht zu fest angezogen werden, damit die Naht genauso elastisch wie das Gestrick wird.

Naht mit Steppstichen

So arbeiten Sie die Steppstiche.

Die fertige Naht von rechts

Legen Sie beide Teile rechts auf rechts aufeinander und nähen Sie sie mit kurzen Steppstichen, jeweils zwei Maschen fassend, zusammen. Bei schön gestrickten Randmaschen wird direkt neben diesen, sonst höchstens 0,5 cm vom Rand entfernt, zusammengenäht.
Die Steppnaht ist in fast allen Fällen richtig, besonders geeignet ist sie z. B. für das Einsetzen von Ärmeln.

Naht mit Zickzackstichen

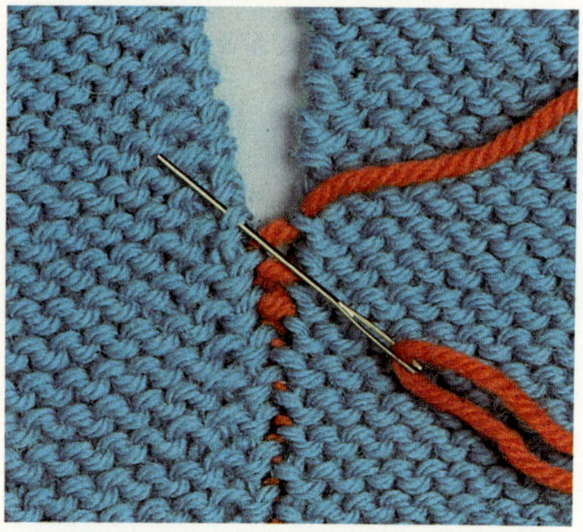

So arbeiten Sie die Zickzackstiche.

Die fertige Naht von rechts

Fast unsichtbar verbinden Sie Strickteile durch eine Zickzacknaht miteinander. Dazu legen Sie beide Teile mit den Rändern nebeneinander, fassen dabei abwechselnd ein Knötchen vom rechten und linken Rand auf die Nähnadel und ziehen den Faden durch.
Sie können diese Naht bei jedem Knötchenrand arbeiten. Sie ist besonders geeignet zum Zusammenstrikken von kraus rechts gestrickten Teilen, weil sie flach wird. Bei Stricksachen im Kraus-rechts-Muster würde zum Beispiel eine Steppnaht normalerweise zu dick werden.

Naht mit überwendlichen Stichen

Besonders flach sind auch Nähte, die mit überwendlichen Stichen zusammengenäht werden. Diese Naht wird oft verwendet, wenn Sie einen Kettenrand gearbeitet haben. Legen Sie beide Strickteile rechts auf rechts aufeinander, und fassen Sie jeweils zwei Maschenglieder des einen und zwei Maschenglieder des anderen Teils auf die Nähnadel.
Diese Naht können Sie bei allen dünnen und feinen Strickstücken, z. B. bei Babysachen, machen.

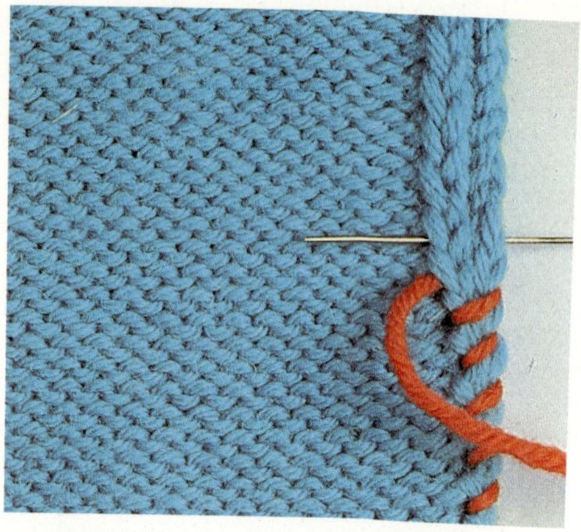

So arbeiten Sie die überwendlichen Stiche.

Die fertige Naht von rechts

Nähte

Sie können Strickteile so zusammennähen, daß sich die Naht kaum oder überhaupt nicht von den übrigen Strickteilen unterscheidet. Wir zeigen, wie diese Maschenstichnähte gearbeitet werden.

Maschenstich bei abgeketteten Maschen

Diese Naht können Sie besonders gut bei glatt rechts gestricktem Muster arbeiten. Legen Sie beide Teile mit der rechten Seite nach oben so zusammen, daß die abgeketteten Kanten parallel nebeneinander liegen. Die Maschenstiche werden von rechts nach links in die hinter dem Abkettrand liegenden Maschen gearbeitet.

Die Nadel waagerecht unter die beiden Maschenglieder der Masche an der unteren Kante führen, den Faden durchziehen, die Nadel unter beide Maschenglieder der Masche an der oberen Kante führen und den Faden durchziehen. Bei den folgenden Maschen stechen Sie die Nadel an derselben Stelle ein, wo der Faden aus der Vormasche herauskommt.
Dabei wird der Faden so festgezogen, daß die Maschenstiche die gleiche Größe wie die Maschen der gestrickten Teile haben, denn dann sieht die fertige Naht auf der rechten Seite wie

eine gestrickte Reihe aus. Mit Maschenstichen können Sie z. B. Schulternähte sauber zusammennähen.

Senkrechte Maschenstichnaht

Die senkrechte Maschenstichnaht arbeiten Sie in ähnlicher Weise wie die waagerechte Maschenstichnaht. Dabei werden die Stiche um die Querfäden der Reihe statt um die Maschen gearbeitet.

Sie stechen wieder von rechts nach links in die Maschenkette, die direkt neben der Randmasche liegt. Die Nadel unter zwei Querfäden des unteren Teils führen, den Faden durchziehen, die Nadel unter zwei Querfäden des oberen Teils führen und den Faden durchziehen. Bei den folgenden Maschen wird die Nadel wieder an derselben Stelle eingestochen, wo der Faden der Vormasche herauskommt. Der Stickfaden wird so festgezogen, daß die Kanten der beiden Strickteile sich berühren. Die Stiche der fertigen Naht dürfen auf der rechten Seite nicht zu sehen sein.

Mit Maschenstichen können Sie z. B. Taschen auf ein Strickteil fast unsichtbar aufnähen. Dabei nähen Sie die untere Kante mit waagerechten und die Seitenkanten mit senkrechten Maschenstichen auf. Sie können auch Blenden mit Maschenstich auf die Teile aufnähen.

Maschenstich bei offenen Maschen

Sie können zwei gerade Kanten auch mit Maschenstichen verbinden, ohne sie vorher abzuketten.
Die Maschen bleiben auf den Nadeln und werden von rechts nach links nacheinander von der Nadel genommen und zusammengenäht. Auf der oberen Nadel haben Sie eine Masche weniger als auf der unteren, weil oben zu beiden Seiten noch eine halbe Masche steht. Es wird nun in die erste Masche der unteren Reihe von hinten nach vorne eingestochen und die Masche abgehoben. Oben in die halbe Masche von vorne nach hinten einstechen, die nächste Masche abheben und in die Masche von hinten nach vorne einstechen. Den Faden durchziehen und unten in die Masche, aus

der man ausgestochen hat, von vorne nach hinten einstechen, in die nächste Masche von hinten nach vorne einstechen, die Masche abheben und den Faden durchziehen. Dann wieder in die obere halbe Masche einstechen usw., bis die Maschen aufgebraucht sind. Die so gearbeiteten Maschenstiche sehen auch von der linken Seite wie eine gestrickte Reihe aus.
Mit diesen Stichen können Sie zwei Strickteile unsichtbar aneinandernähen. Sie können auf diese Weise auch ein Strickstück ausbessern. Man kann bei geraden Ärmeln (ohne Armkugel) die Maschen der letzten Reihe auf der Nadel lassen und diese offenen Maschen an das Vorder- und Rückenteil mit Maschenstichen annähen.

Verlängerte Masche

Die Größe einer gestrickten Masche steht immer im Verhältnis von Garnstärke zur Nadelstärke. Soll jedoch eine Masche verlängert werden, so arbeitet man mit Umschlägen. Wie die verlängerte Masche gestrickt wird, finden Sie in der nachfolgenden Beschreibung.

Stricken Sie in der Reihe, in der die Masche verlängert werden soll, die 1. Masche rechts ab.
Legen Sie nun den Strickfaden als Umschlag 1mal um die rechte Stricknadel.
Die folgende Masche rechts abstrikken und anschließend 1 Umschlag stricken.
Die Folge: 1 Masche rechts abstrikken, 1 Umschlag, fortlaufend wiederholen.

In der Rückreihe die linke Masche abstricken. Als nächste Masche liegt der Umschlag auf der linken Nadel.

Der Umschlag wird nun von der linken Nadel abgestreift, er löst sich auf und gibt der folgenden Masche die Möglichkeit, sich der Länge des Umschlags entsprechend zu verlängern. Soll die Masche noch länger werden, so werden mehrere Umschläge gearbeitet.
Wichtig ist nur, daß diese Umschläge in der Rückreihe wieder aufgelöst werden.

Diagonal stricken

Diagonal stricken heißt: In einer Ecke die Arbeit beginnen und durch ständiges Zu- und Abnehmen Teile formen.
Wir erklären, wie Sie einen rechten Winkel erhalten, und zeigen an drei Beispielen, wie Sie Ihren Schnitt einteilen.

Unsere Strickprobe zeigt ein diagonal gestricktes Quadrat, glatt rechts gestrickt.

So stricken Sie

Beginnen Sie die Arbeit in der rechten unteren Ecke.

3 Maschen anschlagen und bei einem glatt rechts oder glatt links gestrickten Muster zu beiden Seiten des Anschlags, immer am Anfang einer Reihe, abwechselnd zweimal 1 Masche und einmal 2 Maschen zunehmen. Dies so oft wiederholen, bis die gewünschte Höhe (= Seitennaht) und Breite (= untere Kante) erreicht ist.

Soll das Teil – wie unsere Strickprobe – auch im rechten Winkel beendet werden, so nehmen Sie immer am Anfang einer Reihe abwechselnd zweimal 1 Masche und einmal 2 Maschen ab.

Dies wiederholen Sie so oft, bis Sie keine Maschen mehr auf der Nadel haben.

Bei einem Kraus-rechts-Muster oder Perlmuster sollten Sie immer am Anfang einer Reihe 1 Masche zunehmen bzw. abnehmen.

Diagonal stricken nach einem Schnitt

Das verkleinerte Schnittschema, wie Sie es aus unseren Anleitungen kennen, wird an Hand der angegebenen Maße in Originalgröße und als ganzes, vollständiges Teil auf einen Bogen Papier gezeichnet.

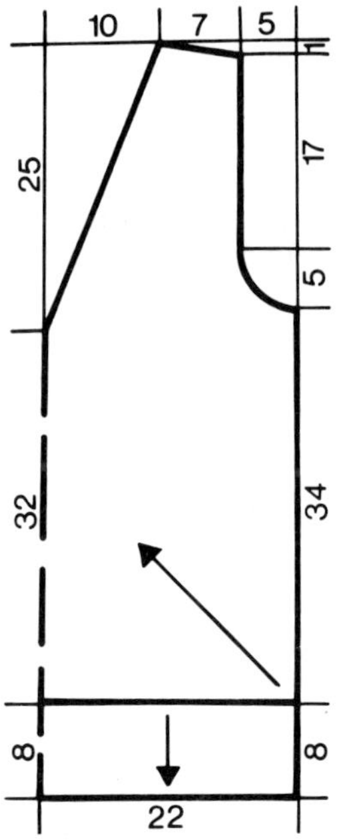

In diesen originalgroßen Schnitt werden nun Hilfslinien gezogen, die das Diagonalstricken ohne genaue Anleitung vereinfachen.

Die wichtigste Hilfslinie ist die Mittellinie. Sie muß genau diagonal durch den Schnitt laufen. Im Gestrick läuft hier Ihre Mittelmasche, die unbedingt mit einem andersfarbigen Faden gekennzeichnet werden sollte.

Sie erhalten diese Mittellinie, indem Sie ein beliebiges Maß, in unserem Schnitt sind es 30 cm, an der Seiten- und unteren Kante abmessen.

Die beiden Punkte miteinander verbinden und die Verbindungslinie – bei uns gestrichelt gezeichnet – halbieren. Die rechte untere Ecke mit diesem Punkt verbinden und die Linie weiter nach oben bis zur nächsten Schnittlinie durchziehen.

Alle folgenden Hilfslinien werden im rechten Winkel zu dieser Mittellinie gezogen.

Immer dort, wo sich der Schnitt durch

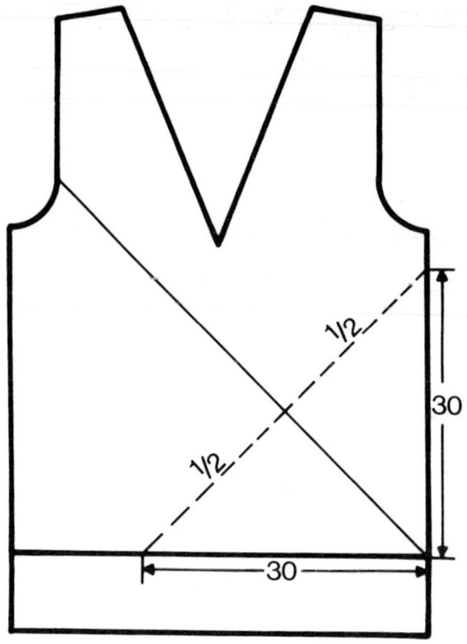

Ecken oder Rundungen verändert, Hilfslinien einziehen.

Beidseitig der Mittellinie die Hilfslinien ausmessen und auf der Linie die Maße notieren. Ebenfalls die Höhen ausmessen und notieren.

An Hand Ihrer Maschenprobe können Sie nun ausrechnen, wie viele Maschen auf einer bestimmten Höhe zu- oder abgenommen werden.

Durch ständiges Auflegen auf den originalgroßen Schnitt können Sie die Form immer wieder kontrollieren. Dabei die markierte Mittelmasche genau auf die Mittellinie legen.

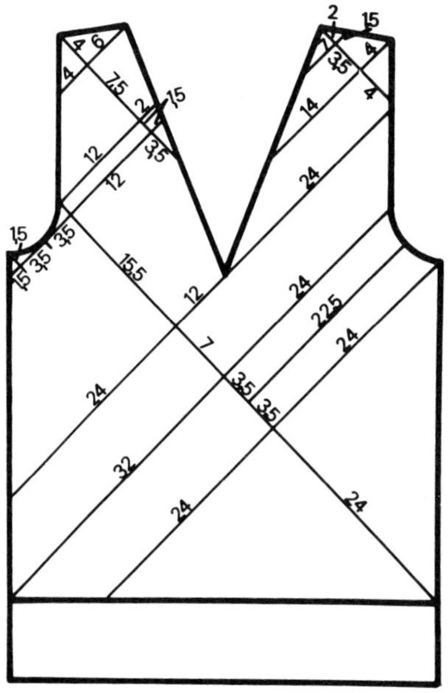

Säume

Die Säume geben den Strickstücken, die ohne Bündchen gearbeitet werden, einen sauberen und haltbaren Rand. Sie verhindern das Einrollen der Kanten und können gleichzeitig eine Verzierung sein.

Zusammengestrickter Saum

Sie können die Anschlagmaschen des Saumes während der Arbeit gleich mit anstricken.

Entsprechend der Saumbreite stricken Sie einige Reihen glatt rechts. Dabei wird die erste Reihe links gestrickt, um die Maschen besser aufnehmen zu können. Für die Bruchkante eine Reihe links oder eine Lochreihe arbeiten. Danach genauso viele Reihen wie zu Beginn der Arbeit stricken. Dann die Anschlagmaschen von hinten nach vorn auf eine Hilfsnadel nehmen, die beiden Nadeln zusammenlegen und jeweils eine Masche mit einer Anschlagmasche auf der rechten Seite der Arbeit rechts zusammenstricken.

Waagerechter Saum mit Rippe

Stricken Sie, je nach Saumbreite, einige Reihen glatt rechts und für die Um-

bruchkante eine Reihe links, damit sich der Saum besser umlegt. Nun im Grundmuster stricken. Nachher schlagen Sie den Saum nach innen um und nähen die Anschlagmaschen mit den entsprechenden Linksmaschen zusammen.

Saum mit Mäusezähnchen

Dieser Saum wird gern bei Sachen, die eine dekorative Abschlußkante bekommen sollen, gearbeitet.

Stricken Sie in der gewünschten Saumbreite einige Reihen glatt rechts, dann die Lochreihe wie folgt: Auf der rechten Seite abwechselnd zwei Maschen zusammenstricken und einen Umschlag arbeiten. In der Rückreihe alle Maschen und Umschläge links stricken.

Am Ende der Arbeit schlagen Sie den Saum in der Lochreihe um und nähen die Anschlagmaschen auf die entsprechenden Linksmaschen.

Waage- und senkrechter Saum

Sie können auch einen seitlichen Saum arbeiten. Dafür entweder aus dem Kettenrand nachträglich Maschen aufnehmen oder die senkrechte Bruchlinie mit linken Maschen markieren. Dafür auf der rechten Seite, je

nach Saumbreite, eine Masche links stricken.

Nach Beendigung der Arbeit schlagen Sie erst den waagerechten, dann den senkrechten Saum nach innen und nähen die Säume an.

Für Säume mit abgeschrägten Ecken schlagen Sie die benötigten Maschen abzüglich der Saumbreite an.

Stricken Sie glatt rechts, und nehmen Sie in jeder zweiten Reihe eine Masche zu, bis die Saumbreite erreicht ist. Dann eine linke Reihe als Bruchlinie arbeiten.

Glatt rechts weiterstricken und die erste und alle darüberliegenden Maschen auf der rechten Seite links stricken. Dabei in jeder zweiten Reihe eine Masche zunehmen, bis die Saumbreite erreicht ist. Zum Schluß die Säume in der Bruchlinie nach innen schlagen, auf die Linksmaschen nähen, die Abschrägungen zusammennähen.

Ausbessern

Hier zeigen wir Ihnen, wie Sie dünn gewordene Stellen und Löcher in einem glatt rechts gestrickten Muster nach zwei Methoden ausbessern können: einmal mit Maschen- und zum anderen mit Stielstich. Die Zeichnungen erläutern Ihnen den genauen Vorgang.

1. Methode

Stellen, die durch besondere Beanspruchung dünn oder sogar schon zum Loch geworden sind, können mit etwas Geduld nach unserer Beschreibung wieder in Ordnung gebracht werden.

Dafür wird das Loch zu einem Rechteck oder Quadrat vergrößert. Grenzen Sie sich das Feld mit einem andersfarbigen Faden vorher ein.

Die einzelnen Maschen und Reihen müssen nun bis zu der Begrenzung aufgelöst werden, jedoch nie mehr, als erforderlich sind.

Die seitlich überstehenden Fäden nicht abschneiden, sondern von links gut vernähen, so daß ein sauberes Fenster entsteht, wie unsere Zeichnung zeigt.

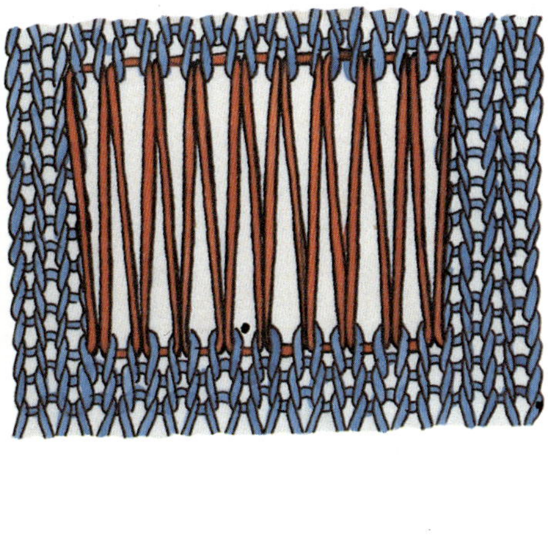

Erst dann können die senkrechten Verbindungsfäden (in unserer Zeichnung rot gezeichnete Fäden) mit dem passenden Garn eingezogen werden. Dafür in der linken unteren Ecke den Faden befestigen und die Nadel in der Mitte der 1. Masche (dort wo sich die 2 Fäden einer Masche treffen) ausstechen. Senkrecht nach oben gehen und die Nadel um die 1. offene Masche führen.

Die Nadel unten genau in der Ausstichstelle wieder einstechen und in der rechts daneben liegenden 2. Masche wieder ausstechen.

Die 1. Verbindung von Masche zu Masche ist entstanden.

So fortfahren, bis alle Maschen verbunden sind. Den Faden gut vernähen. Zu beachten ist, daß immer die übereinanderliegenden Maschen miteinander verbunden werden, die Verbindungsfäden also senkrecht von Masche zu Masche nähen.

Dabei wird unten in die offene Masche gestochen, oben führt man die Nadel immer um die Masche herum.

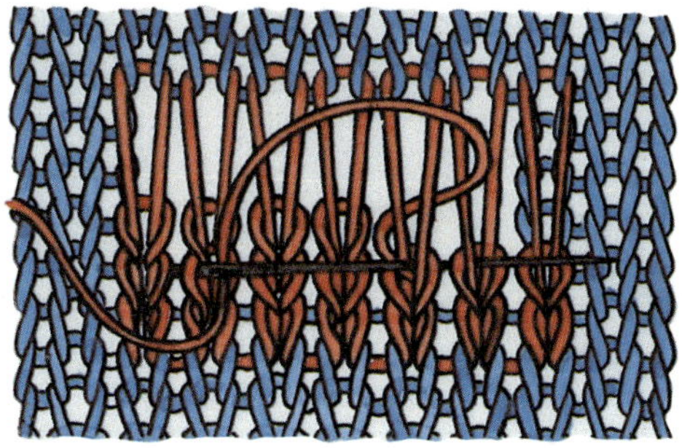

Nun können die fehlenden Maschen im Maschenstich ersetzt werden.

Dafür wieder in der unteren linken Ecke beginnen. Den Faden von links gut vernähen und die Nadel dort ausstechen, wo auch der Verbindungsfaden ausgestochen wurde.

Nun die Nadel um die 2 Verbindungsfäden herumführen und in der Ausstichstelle wieder einstechen. In der rechts daneben liegenden Masche die Nadel wieder ausstechen, um die 2 Verbindungsfäden führen und wieder in die Ausstichstelle einstechen.

Dies wiederholen, bis die fehlenden Maschen wieder eingestickt sind. Die 2. Reihe von rechts nach links arbeiten und immer in die Masche der Vorreihe einstechen.

Reihe für Reihe in dieser Weise ersetzen, dabei darauf achten, daß nicht mehr und nicht weniger Reihen gestickt werden, als erforderlich sind.

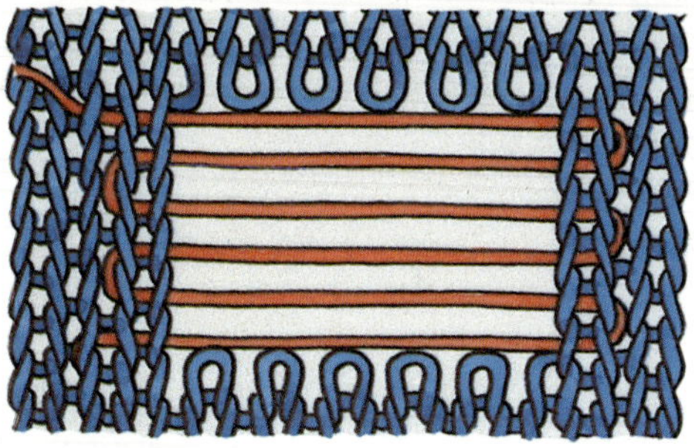

2. Methode

Bei einer anderen Methode, Maschen zu ersetzen, werden die Verbindungsfäden waagerecht eingezogen.

Man geht dabei mit der Nadel von links nach rechts, führt die Nadel um 1 Masche herum und geht wieder zur gegenüberliegenden Masche.

Auch hier ist es wichtig, daß nicht mehr Reihen als notwendig eingezogen werden.

Die Maschen werden nun von unten nach oben und umgekehrt ersetzt. Das heißt, man stickt erst die 1. Hälfte der Masche und dann zurück die 2. Hälfte. Dafür an der rechten unteren Ecke in der Randmasche beginnen und erst über diese Masche sticken, so daß eine Verbindung da ist.

Nun, wie die Zeichnung zeigt, jeweils um die waagerechten Verbindungsfäden im Stielstich die 1. Hälfte der Masche von unten nach oben, dann die Arbeit drehen und die 2. Hälfte von oben nach unten sticken.

So Reihe für Reihe sticken, bis alle Maschen ersetzt sind.

Hilfsnadeln

Zu einer Strickarbeit gehört, neben den richtigen Stricknadeln, auch das richtige Zubehör. Zum Beispiel die Hilfsnadeln, die beim Stricken von Zöpfen, Schlitzen und Ausschnitten eine gute Hilfe sein können. Wann und wie man Hilfsnadeln einsetzt, zeigen wir hier.

Hilfsnadeln aus einem Nadelspiel

Sehr oft heißt es in einer Strickanleitung: Die Arbeit teilen und eine Hälfte der Maschen auf einer Hilfsnadel stilllegen.

D. h.: Es wird nun erst mit einer Hälfte der Maschen, nämlich mit den Maschen, die auf der Stricknadel liegen, weitergestrickt. Die andere Maschenhälfte liegt unbearbeitet auf einer Hilfsnadel.

In unserem Fall ist die Hilfsnadel eine Spielstricknadel, die Sie zum Stricken von Handschuhen und Strümpfen brauchen. Ist diese Nadel jedoch zu kurz, so stecken Sie auf beide Enden je 1 Korken. So können die Maschen nicht von der Nadel gleiten. Nach Beendigung der 1. Hälfte können Sie nun die Maschen der Hilfsnadel wieder in Arbeit nehmen und mit den normalen Stricknadeln weiterstricken.

Maschenraffer

Der Maschenraffer hat die Form einer riesengroßen Sicherheitsnadel. Es gibt ihn mit dem Verschluß einer Sicherheitsnadel und (wie bei unserer Probe zu sehen ist) mit einem zum Haken gebogenen Ende. Sie können auf ihm Maschen stillegen, die für eine Weile nicht gestrickt werden sollen, wie zum Beispiel für Taschenschlitze, Knopflöcher, Blenden, Halsausschnitte und Kragen.

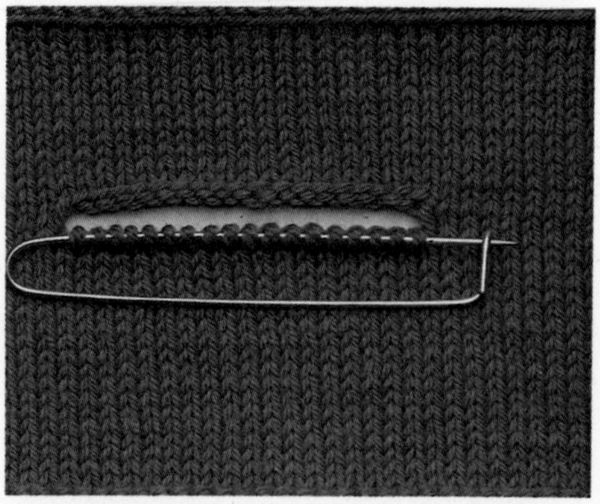

Der Vorteil des Maschenraffers ist, daß die Maschen auf beiden Seiten gesichert auf der Nadel liegen. Sie können nicht herunterfallen.

Außerdem ist er so handlich, daß er beim Stricken nicht behindert und die Maschen, wenn sie benötigt werden, direkt vom Maschenraffer abgestrickt werden können.

Zopfmusternadel

Beim Stricken von Zopfmustern werden Maschen miteinander verkreuzt. Dazu legt man sie auf eine Hilfsnadel vor oder hinter die Arbeit und strickt erst die folgenden Maschen, dann erst die Maschen der Hilfsnadel. Als Hilfsnadel zum Zopfen können Sie eine Spielnadel, Sicherheitsnadel oder sogar, wenn beides nicht vorhanden ist, einen Zahnstocher verwenden.

Die Zopfmusternadel ist jedoch speziell zum Zopfen entwickelt worden und auch am besten dafür geeignet. Sie hat in der Mitte einen Knick, in

dem die Zopfmaschen liegen, und zu beiden Seiten eine Spitze. Dadurch können die Maschen gleich von der Zopfmusternadel abgestrickt werden. In unserer Probe liegen 4 Maschen des Zopfes auf der Zopfmusternadel, und zwar genau im Knick.

Die folgenden 4 Maschen des Zopfes werden nun mit der rechten Stricknadel abgestrickt. Die Zopfmusternadel liegt mit den ersten 4 Maschen vor der Arbeit.

Nun die Maschen der Zopfmusternadel auf das gerade vordere Stück der Nadel holen und die Maschen mit der rechten Nadel von der Zopfmusternadel abstricken.

Auffangen und Aufhäkeln

Wir zeigen, wie Sie gefallene Maschen mit der Häkelnadel auffangen und dann aufhäkeln. Wir erkären jeden einzelnen Schritt, bis die Maschenreihe wieder ganz geschlossen ist.

Die Häkelnadel von vorn in die offene Masche einstechen.

Den darüberliegenden Querfaden mit der Häkelnadel von oben um das Häkchen nehmen. Es liegen 2 Schlingen auf der Häkelnadel.

Die 2. Schlinge nun durch die 1. Schlinge ziehen. Es liegt nun wieder nur 1 Schlinge auf der Nadel, die 1. Reihe ist aufgehäkelt worden.

Die folgenden Querfäden (=1 Querfaden ist 1 Masche bzw. 1 Reihe) in der beschriebenen Art aufhäkeln, bis die Reihe geschlossen ist.

Die letzte Schlinge nun auf die linke Seite ziehen und dort mit einigen Stichen an der Abkettkante befestigen.

Anwendung Wenn viele Maschen auf einer Nadel liegen, z. B. wenn ein Pulli in einem Stück gestrickt wird und die Maschen von Vorderteil, Ärmel und Rückenteil auf der Nadel liegen, kann es leicht passieren, daß eine Masche von der Nadel fällt. Hat man die laufende Masche nicht gleich entdeckt, so kann man sie auch später noch, wie oben beschrieben wurde, auffangen und aufhäkeln.
Auch eingestrickte Fehler, z. B. statt 1 Masche rechts haben sie 1 Masche links gestrickt, können ganz leicht korrigiert werden.
Dafür nehmen Sie die Masche von der Nadel oder lösen sie aus dem Gestrick und lassen sie bis zu der Fehlerstelle laufen. Nun die Masche, wie oben beschrieben, mit der Häkelnadel auffassen und aufhäkeln. Dann wieder auf die Nadel nehmen oder an der Abkettkante befestigen.
Das Auffangen und Aufhäkeln von Maschen kommt beim Maschinenstricken besonders oft vor. Eine Masche, die zu locker oder zu fest auf der Zungennadel liegt, wird bei der nächsten Reihe abgeworfen.
Diesen Fehler sieht man meistens erst, wenn einige Reihen darübergestrickt worden sind. Dann hat sich über der abgeworfenen Masche eine neue Masche gebildet. Die abgeworfene Masche liegt nun offen unter der neuen Masche und hat sich wahrscheinlich auch schon einige Reihen nach unten aufgelöst.
Diese Masche nun, wie oben beschrieben, auffangen und aufhäkeln. An der neuen Masche unsichtbar befestigen. Das kann während der Arbeit, aber auch bei der Ausarbeitung gemacht werden.

Spannen

Ein wichtiger Teil der Ausarbeitung ist das Spannen. Hierfür werden die fertig gestrickten Teile nach dem Schnitt aufgesteckt.

Für das Spannen brauchen Sie eine Unterlage, worauf Sie die Strickteile mit Nadeln befestigen können. Kleine Teile spannen Sie am besten auf einem Bügelbrett, größere Strickteile auf einer entsprechend großen Unterlage.

Wenn Sie keine geeignete Platte (z. B. eine Dämmplatte) haben, können Sie die Teile auch gut auf einem Teppichboden feststecken. Legen Sie erst ein großes Handtuch oder ein altes Laken auf den Teppich und dann die zu spannenden Strickteile darauf.

Wenn Sie nach einem Schnittschema gestrickt haben, müssen Sie Längen und Breiten mit einem Maßband nachmessen.

Legen Sie die Teile mit der linken Seite nach oben auf die Unterlage. Stecken Sie erst die Ecken des Strickteils nach den angegebenen Maßen fest und achten Sie darauf, daß die Kanten gerade und im rechten Winkel zueinander stehen.

Nehmen Sie nur rostfreie Nadeln, damit es beim Dämpfen nachher keine Flecken gibt. Die Nadeln werden in gleichmäßigen kleinen Abständen in die Randmaschen gesteckt. Dabei müssen Sie darauf achten, daß sie nicht gezogen werden, da sonst die Maschen zipfeln. Die Bündchen werden nicht gespannt, weil sie dabei ihre Elastizität verlieren können.

Gerade Teile können Sie gut nach den Maßen spannen. Wenn Sie jedoch Teile mit Rundungen, wie z. B. Halsausschnitte, Armausschnitte oder Armkugeln, gestrickt haben, empfiehlt es sich, einen Schnitt in der Originalgröße anzufertigen.

Zeichnen Sie die Linien des Schnittes auf Papier und schneiden Sie ihn aus. Dann legen Sie den Schnitt auf die Unterlage und darauf das Strickteil mit der linken Seite nach oben. Jetzt stecken Sie alle Kanten entlang der Schnittlinien fest.

Nun können Sie die Teile mit einem feuchten Tuch vorsichtig dämpfen. Wenn das Strickteil dann getrocknet ist und seine Form behält, können Sie die Nadeln entfernen. Einige Garne dürfen nicht gedämpft werden. Achten Sie deshalb immer genau auf die Angaben, die auf der Banderole stehen.

Das Strickteil wird nach dem Schnitt gespannt und festgesteckt.

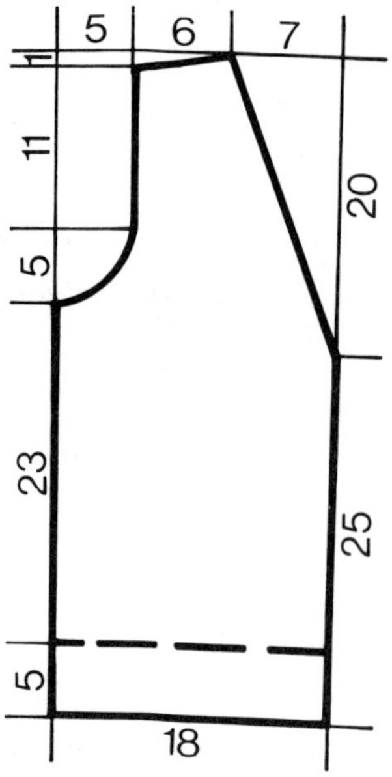

Auf dem Schnittschema stehen die genauen Maße.

Originalgroßer Schnitt für das Strickteil.

Abkürzungen

Zum Abschluß des Lehrgangs erklären wir Ihnen alle Abkürzungen, die in den Strickanleitungen immer wieder vorkommen. Unsere Erklärungen sollen Ihnen eine Hilfe sein, die Anleitungen noch besser zu verstehen und richtig in die Praxis umzusetzen.

M.	= Masche
Anschl.-M.	= Anschlagmasche
Eckm.	= Eckmasche
Randm.	= Randmasche
re. M.	= rechte Masche
li. M.	= linke Masche
glatt re.	= glatt rechts (Hinreihe rechte Maschen, Rückreihe linke Maschen)
glatt li.	= glatt links (Hinreihe linke Maschen, Rückreihe rechte Maschen)
kraus re.	= kraus rechts (Hinreihe rechte Maschen, Rückreihe rechte Maschen)
einf. Überzug	= einfacher Überzug 1 Masche abheben, 1 Masche stricken und die abgehobene Masche überziehen
dopp. Überzug	= 1 Masche abheben, 2 Maschen zusammenstricken und die abgehobene Masche überziehen
abh.	= abheben
abk.	= abketten
abn.	= abnehmen
anschl.	= anschlagen
arb.	= arbeiten
aufn.	= aufnehmen
beids.	= beidseitig
fortl.	= fortlaufend
gegengl.	= gegengleich
Hilfsn.	= Hilfsnadel
Hinr.	= Hinreihe
gleichm.	= gleichmäßig
insges.	= insgesamt
R.	= Reihe
Rückr.	= Rückreihe
rückw.	= rückwärtig
Rd.	= Runde
restl.	= restlichen
str.	= stricken
Umschl.	= Umschlag
überz.	= überziehen
verkr.	= verkreuzen
verschr.	= verschränken
vord.	= vordere
Vorr.	= Vorreihe
Vorrd.	= Vorrunde
weiterarb.	= weiterarbeiten
wiederh.	= wiederholen
zun.	= zunehmen
zus.	= zusammen
zus.str.	= zusammenstricken
*	= Wiederholungszeichen

Jutta Lammér
Das große Ravensburger Lexikon der Handarbeiten
Hier finden Sie in 700 Stichworten alles Wissenswerte über Werkzeuge, Materialien, Techniken und Geschichte der traditionellen Handarbeiten.
359 Seiten, 643 zweifarbigen Zeichnungen. 20 vierfarbige, 242 s/w Fotos.
Format 17,5 x 24 cm. Ln. mit Schutzumschlag.
ISBN 3-473-42363-7

Nachschlagewerk, Anleitungsbuch, Bilder- und Ideenbuch. 20 Jahre Erfahrung brachte Deutschlands vielseitigste und erfolgreichste Hobby-Autorin in dieses Buch ein!

Ravensburger® Bücher für Handarbeiten

Schachenmayr
Das große Strick- und Häkelbuch
Ein vollständiger Lehrgang mit Musterbeispielen, mit 200 Strick- und 160 Häkelmustern.
360 Seiten mit 592 s/w-Fotos und 324 Zeichnungen.
Format 17,5 x 24 cm. Pappband.
ISBN 3-473-42360-2

Monka Raabe
Stricken nach Fotos
Ideen, Modelle und Anleitungen für jung und alt. Das Buch ermöglicht ein genaues Nachstricken von 26 Modellen. Es enthält Schnitte und Schemazeichnungen.
127 Seiten mit 27 Farb-, 52 s/w Abbildungen und 75 Strichzeichnungen. Format 21 x 28 cm. Broschur.
ISBN 3-473-42465-X

Barbara Abbey
200 Strickmuster
200 Strickmuster werden hier vorgestellt – vom einfachen Strukturmuster bis zum komplizierten Spitzenmuster.
160 Seiten mit ca. 200 s/w Abbildungen und ca. 40 s/w Zeichnungen.
Format 14 x 21 cm. Broschur.
ISBN 3-473-44001-9

Thérèse de Dillmont
Enzyklodäpie der Handarbeiten
Das klassische Werk über Techniken und Muster der Handarbeiten! Von Weißstickerei über Netzarbeit – Durchbrucharbeit – Frivolité – Straminstickerei bis Klöppelspitzen ist hier alles vertreten.
896 Seiten mit 1174 s/w Abb.
Format 12,3 x 18 cm. Broschur.
ISBN 3-473-43167-2

Otto Maier Verlag Ravensburg

Ravensburger®